威士忌&單一麥芽威士忌行家完全攻略

WHISKY &
SINGLE MALT
PERFECT GUIDE

面海（中央灣區，英達爾灣）的波摩蒸餾廠

雅柏蒸餾廠中正在操作流出新酒的分酒箱的蒸餾師傅

流經拉加維林蒸餾廠的小河因泥煤染成威士忌色澤

格蘭花格蒸餾廠中傳統石造的熟成庫房

用來冷卻並液化蒸餾所得酒精的蟲管式冷凝器（Warm Tub）

艾雷島上的泥煤採集場。挖出的泥煤須經乾燥才可使用

小而美的蒸餾廠艾德多爾有全蘇格蘭最小的蒸餾器

艾德多爾蒸餾廠

艾雷島的拉弗格蒸餾廠

艾雷島北部的丘陵地。圖中海峽的對岸是侏儸島

斯佩塞特的小鎮羅聖斯。鎮上有五座蒸餾廠。

隔艾雷海峽遠眺的卡爾里拉蒸餾廠的蒸餾室

CONTENTS

序章 接觸威士忌前必先熟知的各項知識

第1章 蘇格蘭單一麥芽威士忌

CONTENTS

第4章

CONTENTS

第6章 威士忌的基礎知識

序章

接觸威士忌前必先熟知的各項知識

introduction

Q 1

蘇格蘭威士忌與波本威士忌兩者的差異在於？

A：兩者均屬於威士忌。所謂威士忌是指「將以穀類為原料所製成的蒸餾酒裝入木桶後使其熟成」的酒類。而世界五大威士忌分別是愛爾蘭威士忌、蘇格蘭威士忌、美國威士忌、加拿大威士忌與日本威士忌。

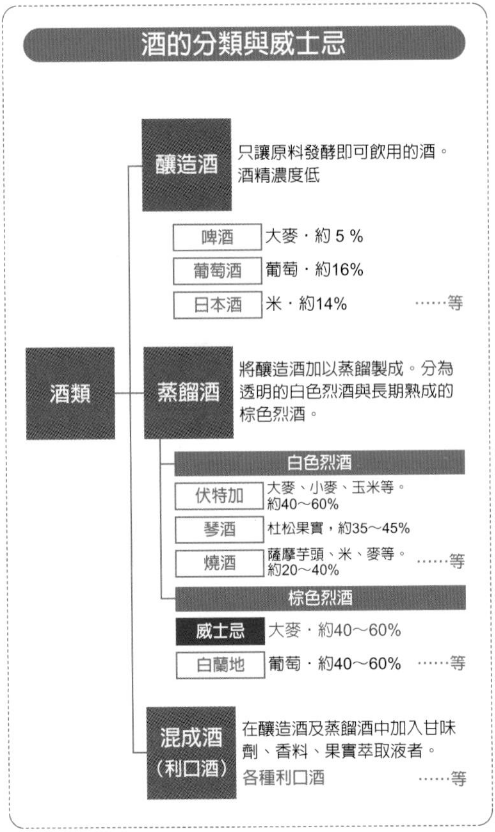

威士忌的定義＆世界五大威士忌

威士忌的定義為①以大麥等穀類作為原料②必須為蒸餾酒③經木桶熟成方式製造。所謂的蒸餾酒是指將啤酒、日本酒、葡萄酒等以發酵方式製成釀造酒後，再加以蒸餾，藉以提高其酒精濃度的酒類，如白蘭地、琴酒、伏特加等均屬蒸餾酒。但由於白蘭地的原料為葡萄（果實），因此無法蒸餾成威士忌，而琴酒與伏特加雖然是以穀物作為原料，卻無法使用木桶加以熟成，因此也同樣無法製成威士忌。許多國家均有生產威士忌，主要產地共分為五處，因而有「世界五大威士忌」之稱。此五處產地的威士忌總產量約占全球的九五%。

※蒸餾的基本流程參照第222頁。

世界五大威士忌及其特色

蘇格蘭威士忌
（位於英國北部的蘇格蘭）
▼
第 1 章　P23～P90

主要種類／麥芽威士忌／穀類威士忌

原　　料／大麥麥芽／玉米等穀類、大麥麥芽

蒸餾方式／單式蒸餾器（多為二次蒸餾）／連續式蒸餾器

藉由焚燒泥煤來使威士忌帶有煙燻風味，豐富的香氣及滋味也是其特色。

日本威士忌
（日本）
▼
第 3 章　P131～P154

主要種類／麥芽威士忌／穀類威士忌

原　　料／大麥麥芽／玉米等穀類、大麥麥芽

蒸餾方式／單式蒸餾器（二次蒸餾）／連續式蒸餾器

承襲蘇格蘭威士忌的傳統製造方法，圓潤而細緻的滋味獨樹一幟。即使加水也不影響其風味。

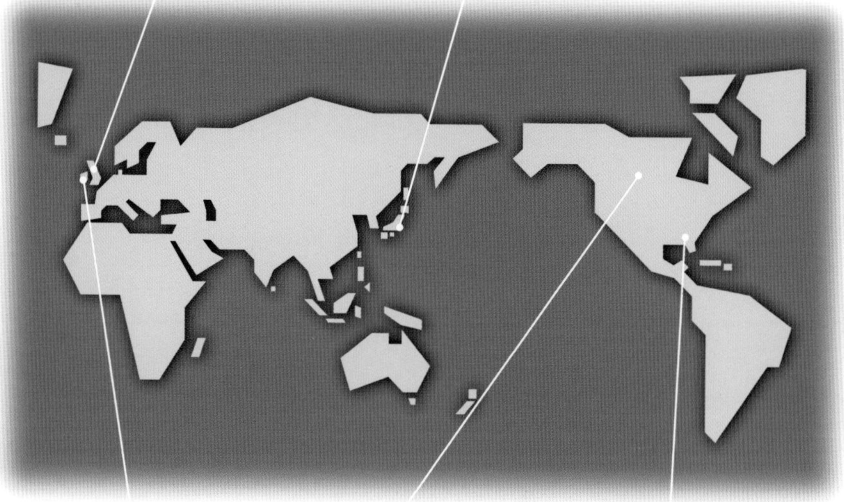

愛爾蘭威士忌
（愛爾蘭）
▼
第 2 章　P91～P130

主要種類／愛爾蘭威士忌

原　　料／大麥麥芽、大麥、小麥、裸麥、玉米等

蒸餾方式／單式蒸餾器（多為三次蒸餾）、連續式蒸餾器

具有悠久的歷史。進行三次蒸餾為其主要特徵。滋味清爽、醇潤圓融，香氣誘人而十分易於入喉。

加拿大威士忌
（加拿大）
▼
第 5 章　P208～P214

主要種類／加拿大威士忌

原　　料／裸麥、大麥麥芽、玉米等

蒸餾方式／連續式蒸餾器

擁有五大威士忌中最無可挑剔的完整風味，清爽淡雅，也適合用於調配雞尾酒。

美國威士忌
（美國）
▼
第 5 章　P177～P207

主要種類／波本威士忌、裸麥威士忌、玉米威士忌等

原　　料／玉米、裸麥、小麥、大麥麥芽等

蒸餾方式／連續式蒸餾器

具備獨特的紅色色澤、香氣及甜味。以充滿深度而風味濃烈的波本威士忌為中心。

Q2

何謂單一麥芽威士忌與調和式威士忌？

A：將同一間蒸餾廠所生產的麥芽威士忌裝瓶製成的產品即為「單一麥芽威士忌」；而將多種麥芽威士忌與穀類威士忌加以調和（混合）後所得的威士忌則稱為「調和式威士忌」。

所謂的麥芽威士忌是指……

僅以大麥麥芽（Malt）為原料，再使用單式蒸餾器蒸餾而成的威士忌。由於其擁有豐醇多變的風味，又具備獨具一幟的特色，因此又有「Loud Spirits」（響亮之酒）之稱。

所謂的穀類威士忌是指……

以玉米、小麥、未發芽的大麥等為主要原料（約占所有原料的八成），再加入大麥麥芽後以連續式蒸餾器蒸餾而成的威士忌。口感清淡圓融易於入口，但與麥芽威士忌相比，較缺乏獨特風味，有「Silent Spirits」（寂靜之酒）的別稱，主要作為調和式威士忌的原酒使用。

威士忌的種類

麥芽威士忌（Malt Whiskey）

單一麥芽威士忌(Single Malt Whiskey)

將同一間蒸餾廠（A蒸餾廠）所生產的麥芽威士忌裝瓶製成的威士忌。能明確地表現出該蒸餾廠的特色，酒款品牌也經常取自該蒸餾廠的名稱。

A蒸餾廠

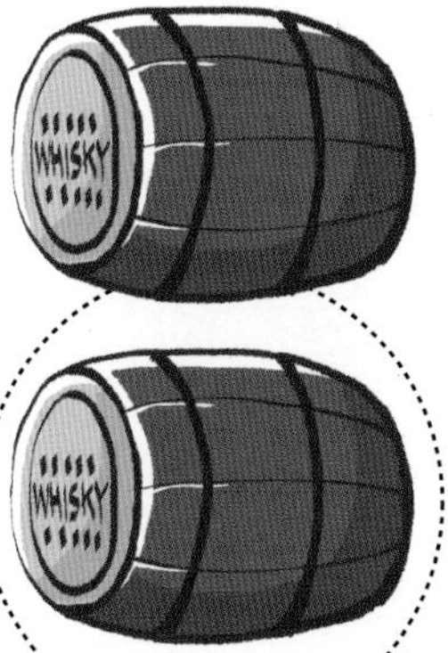

調和式麥芽威士忌(Vatted Malt Whiskey)

※調和式威士忌

將來自不同蒸餾廠（A蒸餾廠＋B蒸餾廠＋⋯⋯）的麥芽威士忌加以調配混合所得的威士忌。

A蒸餾廠

＋

B蒸餾廠

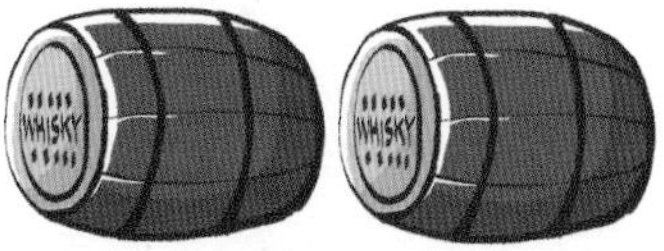

單一酒桶威士忌（Single Cask）

「Cask」即酒桶之意。從同一只酒桶中取出熟成的威士忌並裝瓶所得的即稱為單一酒桶威士忌，能鮮明地表現出該酒桶的特色。

＋

穀類威士忌（Grain Whiskey）

於同一間蒸餾廠進行蒸餾且不混入來自其他蒸餾廠的原酒，即稱為穀類威士忌或是單一穀類威士忌。直接將其作為商品販售的情況較少。

調和式威士忌（Blended Whiskey）

將多種麥芽威士忌與數種（二～三種）穀類威士忌調和（混合）而成的威士忌。原酒之間的平衡度佳而易於飲用。滋味具有深度是其最大魅力。

目前以「調和式威士忌」取代「調和式麥芽威士忌」的說法。

Q3

為何威士忌會呈琥珀色？

A：剛經蒸餾所得的原酒為無色透明的狀態，此時尚不能稱為威士忌，必須將其儲存於橡木桶中待其熟成，橡木桶中的成分也會在此時分解並混入酒中而使酒形成琥珀色。經過橡木桶熟成的過程後，如假包換的威士忌才能呈現於衆人面前。

熟成轉為琥珀色

將原酒放入橡木桶中待其熟成後，酒液便會漸漸地轉變成琥珀色，味道也會變得更加柔醇而濃郁。然而，酒液總量會因蒸散而減少。

無色透明的新酒

剛蒸餾完成的威士忌即新酒（New Pot），為無色透明狀，香味也會因酒液尚未成熟而顯得較為粗糙，但其中確實隱藏著酒品濃醇的元素。圖中的木桶是以橡木製成。

木桶材質的種類

在種類繁多的橡木（水楢木）之中，最常用來製成儲藏或熟成威士忌的木桶的，首推美洲產的白橡木（White Oak）與歐洲產的歐洲有柄橡木（Common Oak）。製造木桶時會特別挑選樹齡超過一百年的良質木材。（日本威士忌使用以北海道產的水楢木製成的酒桶進行熟成）

白橡木（產於北美）

主要產地為北美洲，為製造威士忌酒桶中最具代表性的材質。其具有適中的硬度、強度及耐久性，且屬於液體不易滲過的材質。其中所含木質素（Lignin）、單寧（Tannin）等成分均能在熟成過程中賦予威士忌香氣。

歐洲有柄橡木（產於歐洲）

主要以西班牙產的西班牙橡木（Spanish Oak）為代表，厚重而堅硬，強度、彈性與耐久性均優。自古以來便使用此橡木來製作陳釀紅酒與甘邑酒的木桶。歐洲有柄橡木（Polyphenol）的單寧含量均較北美洲的白橡木多出許多。

木桶的種類

酒桶（Barrel）

最大直徑／約69cm　長度／約91cm　容量／約180L

新桶多用於波本威士忌的熟成作業，而空桶則適於熟成麥芽威士忌，從早期便已用來作為儲藏威士忌的酒桶。由於容量較小，故能快速熟成。舊桶能帶給原酒高雅的樹木沈香。

組裝桶（Hogshead）

最大直徑／約75cm　長度／約89cm　容量／約230L

木桶的重量接近一頭豬（Hog），故有此名。其材質為北美洲所產的白橡木，是使用淘汰的波本桶重新組裝而成。能賦予原酒奢華的樹木沈香與香草香氣。

邦穹桶（Pancheon）

最大直徑／約96cm　長度／約109cm　容量／約480L

木桶外形矮寬，容量頗大，適合需長期熟成的原酒使用。早期多用來熟成萊姆酒。樹木香氣並不濃厚，能夠帶給原酒清新潤暢的滋味。

雪莉桶（Sherry）

最大直徑／約89cm　長度／約128cm　容量／約480L

在西班牙當地是用於儲放雪莉酒的酒桶。而使用過的空桶即稱為雪莉桶。將麥芽威士忌儲放其中，便可使威士忌增添雪莉酒的香氣與淡雅的甜味，並呈現深邃而帶有紅色的細緻色澤。

Q4

何謂泥煤與煤燻製法？

A：在製造蘇格蘭威士忌時，為使原料麥芽乾燥，會使用一種稱為「Peat」的泥煤來作為燃料，使燃燒泥煤時所產生的煙霧滲入麥芽藉以增添香氣，此即為煤燻製法（使威士忌增添煙燻的香氣）。是蘇格蘭威士忌的代表風味之一。

由濕原挖出的泥煤，將其乾燥後即可使用。

燃燒中的泥煤。在蘇格蘭自古就以泥煤作為暖爐的燃料。

所謂的泥煤是指……

泥煤指的是如石楠花（生於蘇格蘭高地的小型花朵）、苔蘚及羊齒類等生長在寒冷地區的植物枯死後，歷經數千年堆積而成的泥炭。於蘇格蘭北部及艾雷島（Isle of Islay）上經常可見。在蘇格蘭習慣將此泥炭層切開並加以風乾，然後在乾燥麥芽時作為燃料使用。燃燒泥煤時產生的煙霧滲入麥芽中而使其帶有的煙燻風味是蘇格蘭威士忌不可欠缺的重要特色。泥煤會因堆積年齡長短與其中的植物種類、土壤等條件的不同，而出現性質上的差異，香氣也會因此發生變化。

泥煤的焚燒方法與煙燻香氣之關聯

如今在乾燥麥芽時，幾乎已不會100%將泥煤焚燒殆盡，而會將泥煤當作添增香氣的材料來作適度的燃燒。附著於麥芽上的煙燻香味將由燃燒泥煤的時間點與時間長度決定。

燃燒泥煤的時間

燃燒泥煤的時間越長，麥芽的煙燻香氣愈加濃烈。

時間

較短	較長
煙燻香氣較為淡雅	煙燻香氣較為濃烈

殘存於麥芽中的水分含量

一般多會將麥芽乾燥至半乾的程度。此時麥芽殘留的水分越多，對煙霧的吸收率也會越高。相對地，如果殘留的水分較少，便能使威士忌擁有品質較高雅清淡的煙燻香氣。

水分含量

較少	較多
高雅清淡的煙燻香氣	濃厚強烈的煙燻香氣

舉例來說……

無煙燻香氣 ◀ ▶ 具煙燻香氣

格蘭哥尼10年單一麥芽威士忌

（→P57）

完全不添加任何煙燻香氣為其特徵。擁有高雅而醇潤的口感。

雅柏10年單一麥芽威士忌

（→P37）

擁有強烈的煙燻香氣為其特徵。整體而言，艾雷島的麥芽威士忌均有著充滿魅力的濃烈煙燻風味。

本書酒款型錄的查閱方式

①酒款中文名稱
每個類別（⑤）中的酒款以英文字母排序。

②酒款英文名稱

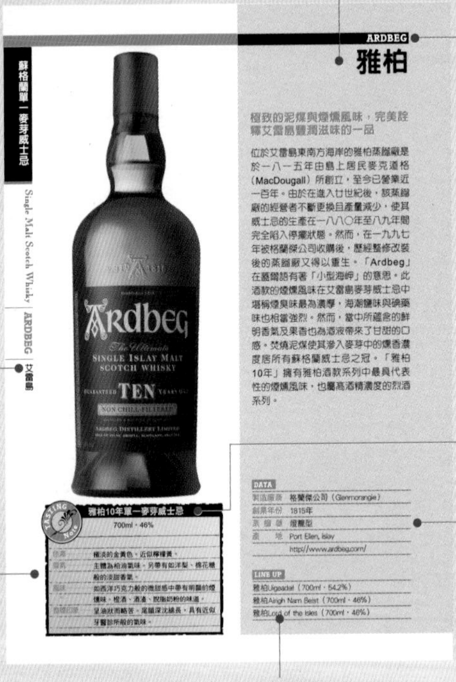
蘇格蘭單一麥芽威士忌
Single Malt Scotch Whisky
ARDBEG
艾雷島
ARDBEG
雅柏
極致的泥煤與煙燻風味，完美詮釋艾雷島豐潤滋味的一品
位於艾雷島東南方海岸的雅柏蒸餾廠是於一八一五年由島上居民麥克道格（MacDougall）所創立，至今已營業近一百年。由於在進入廿世紀後，該蒸餾廠的經營者不斷更換且產量減少，使其威士忌的生產在一八八〇年至八九年間完全陷入停擺狀態。然而，在一九九七年被格蘭傑公司收購後，歷經整修改裝後的蒸餾廠又得以重生。「Ardbeg」在蓋爾語有著「小型海岬」的意思。此酒款的煙燻風味在艾雷島麥芽威士忌中堪稱煙臭味最為濃厚，海潮鹽味與碘藥味也相當強烈。然而，當中所蘊含的鮮明香氣及果香也為酒液帶來了甘甜的口感。焚燒泥煤使其滲入麥芽中的燻香濃度居所有蘇格蘭威士忌之冠。「雅柏10年」擁有雅柏酒款系列中最具代表性的煙燻風味，也屬高酒精濃度的烈酒系列。
Ardbeg
SINGLE ISLAY MALT
SCOTCH WHISKY
TEN
NON CHILL-FILTERED
TASTING Note
雅柏10年單一麥芽威士忌
700ml．46%
極淡的金黃色。近似檸檬黃。
主體為柏油氣味。另帶有如洋梨、棉花糖般的淡甜香氣。
如西洋巧克力般的微甜感中帶有明顯的煙燻味。橙酒、酒渣、脫脂奶粉的味道。
呈油狀而略苦。尾韻深沈綿長，具有近似牙醫診所般的氣味。
DATA
格蘭傑公司（Glenmorangie）
1815年
燈籠型
Port Ellen, Islay
http://www.ardbeg.com/
LINE UP
雅柏Uigeadail（700ml．54.2%）
雅柏Airigh Nam Beist（700ml．46%）
雅柏Lord of the Isles（700ml．46%）

⑤類別區分
蘇格蘭單一麥芽威士忌→產地（愛爾蘭）→蒸餾廠名（日本）→製造廠商（美國）→威士忌種類等威士忌的類別說明。

⑥圖中的酒款名稱與檔案

③酒款檔案
根據威士忌的類別不同而有差異。內容共包括製造廠商、創業年份、蒸餾器型式、發售年份、主要麥芽原酒（調和式威士忌）、蒸餾廠所在地、蒸餾廠與廠商官網等。

④系列酒款

⑦品酒參考資料
各種酒款的相關資料並非恆久不變，而會隨著個人品酒的感受與習慣而有所差異，希望各位讀者將其作為品酒時的參考即可。參考資料主要是以圖片中的酒款為主，（　）內標明的是該酒款的年份。文中提供的品酒資料是從各酒款的色澤、香氣、風味與整體印象來進行分析，內容是以「Islaybar Tokyo（東京艾雷酒吧，參照第239頁）」的店長大原陽子等成員於二〇〇五年十月所進行的威士忌評鑑的資料為主。

※如對書中頻繁出現的專業用語有所疑惑，請參考附錄的威士忌用語集。

第1章

蘇格蘭單一麥芽威士忌

Single Malt Scotch Whisky

Single Malt Scotch Whisky

蘇格蘭單一麥芽威士忌的基礎知識

1 蘇格蘭威士忌的產地

英國
U.K.（United Kingdom）

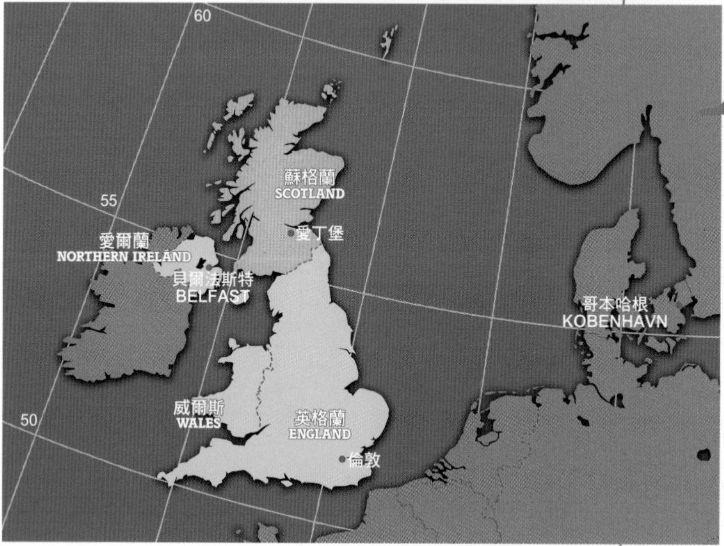

蘇格蘭的位置

英國（正式名稱應為大不列顛與北愛爾蘭聯合王國，United Kingdom of Great Britian and Northern Ireland）大致上可分為英格蘭、威爾斯、蘇格蘭與北愛爾蘭等區域。而蘇格蘭威士忌則是指由位於大不列顛島北側的蘇格蘭所生產的威士忌。

蘇格蘭的位置、風土氣候與蘇格蘭威士忌的誕生

英國大致由英格蘭、威爾斯、蘇格蘭、北愛爾蘭構成。蘇格蘭則由格陵蘭、不列顛島北方約三分之一的區域與周圍數百座小島組成。

以緯度來說，首都愛丁堡、格拉斯哥（Glasgow）約位於北緯五十六度。與其他城市相比，約與莫斯科以及哥本哈根相同，而且遠比北緯四十三度的日本札幌還要更北邊。但是因為受朝大西洋往北流的暖流墨西哥灣流與偏西風的影響，以緯度來看並不是那麼寒冷。冬天的平均氣溫約為四～五℃，夏天約在一二～一五℃之間，屬於冷冽的西岸海洋

中央高地區域中皮特洛赫里（Pitlochry）的荒野。右下角為由石楠所覆蓋的濕地。

性氣候。

以風景來看，地形大約可分為北部的高地以及南部的低地。相較於南部緩和坡地呈現的放牧風情，高地則較多古時冰河所削蝕成的地形，舉目所見都是溪谷與湖泊密布的岩山與古石楠花覆蓋的荒涼溼地以及蘇格蘭特有的風貌。荒野堆積的泥煤、流經此地的純淨水、冷冽氣候，這些都是孕育蘇格蘭所不可或缺的因素，而蘇格蘭威士忌更是與這樣的風土氣候有著密不可分的關係。

撐握產地是深入了解該威士忌的訣竅之一

單一麥芽威士忌在定義上是指由同一家蒸餾廠負責製造並裝瓶的麥芽威士忌。此種威士忌的特別之處在於其味道會隨使用的麥芽種類不同而產生明顯差異，例如：有的威士忌會因經過煙燻製法而帶有強烈的煙醺味，有的則能令人感受到大海般的海潮鹽味，或是如同花草般的蜂蜜芳香以及溫醇融潤的口感等。除了麥芽的種類之外，或多或少還會受到產地的地理環境、氣候風土等條件以及傳統製法的影響。

想要徹底認識各種單一麥芽威士忌的特性，也可將其產區作為了解的線索。除了從以前便已存在的威士忌四大產區——蘇格蘭高地、蘇格蘭低地、坎貝爾鎮、艾雷島之外，現今又再加入蒸餾廠最為集中的斯佩塞特，以及包圍著蘇格蘭的島嶼區等，一共分為六大產地（根據威士忌隨筆作家土屋守先生的分類法所做的分類），本書也採用此分類法逐一為各位介紹。

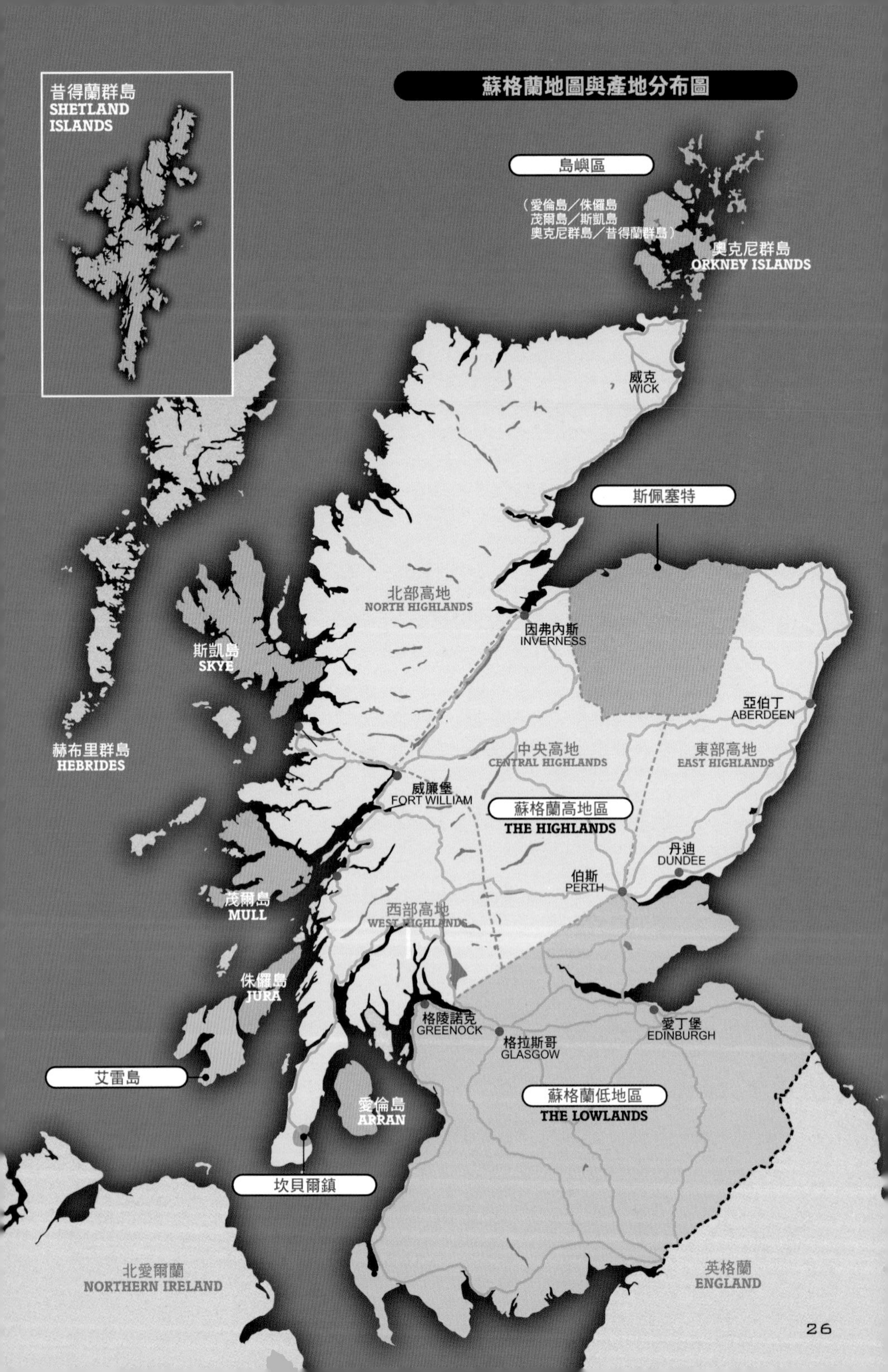
蘇格蘭地圖與產地分布圖
昔得蘭群島
SHETLAND ISLANDS
島嶼區
（愛倫島／侏儸島
茂爾島／斯凱島
奧克尼群島／昔得蘭群島）
奧克尼群島
ORKNEY ISLANDS
威克
WICK
斯佩塞特
北部高地
NORTH HIGHLANDS
因弗內斯
INVERNESS
斯凱島
SKYE
亞伯丁
ABERDEEN
赫布里群島
HEBRIDES
中央高地
CENTRAL HIGHLANDS
東部高地
EAST HIGHLANDS
威廉堡
FORT WILLIAM
蘇格蘭高地區
THE HIGHLANDS
丹迪
DUNDEE
伯斯
PERTH
茂爾島
MULL
西部高地
WEST HIGHLANDS
侏儸島
JURA
格陵諾克
GREENOCK
愛丁堡
EDINBURGH
格拉斯哥
GLASGOW
艾雷島
蘇格蘭低地區
THE LOWLANDS
愛倫島
ARRAN
坎貝爾鎮
北愛爾蘭
NORTHERN IRELAND
英格蘭
ENGLAND

艾雷島
Islay

面積與日本淡路島相當的艾雷島上共有八間蒸餾廠。由於所有的蒸餾廠均建在海邊，因此其麥芽也帶有獨特的海潮與碘的味道，此外，在乾燥麥芽時，搭配燃燒此地含量豐富的泥煤，能使麥芽帶有典雅高級的煙燻香氣，為此區蒸餾廠的一大特徵。特別是南岸的雅柏（Ardbeg）、拉加維林（Lagavulin）、拉弗格（Laphroaig）等蒸餾廠出產的威士忌均是以煙燻風味而聞名，而北方的口味則較為厚重而強烈。介於南北之間的波摩（Bowmore）蒸餾廠的產品則是最適合作為接觸艾雷島威士忌的入門酒款。

艾雷島麥芽威士忌→P37～

島嶼區
Islands

指蘇格蘭周圍島嶼上的蒸餾廠。包括位於最北端，曾經是維京民族所管轄的奧克尼群島（Orkney Islands），擁有各自聳立的高山與複雜海岸線的斯凱島（Isle of Skye），以及今日仍有許多野生鹿棲息的侏儸島（Isle of Jura）等各具特色的島嶼。這些島嶼由於在地理及文化上均自成一格，因此各個島上所生產的威士忌風貌也迥然不同。此外，其所產的威士忌也帶有臨海區域的獨特鹽潮滋味。

島嶼區麥芽威士忌→P44～

蘇格蘭高地區
The Highlands

在蘇格蘭東側的丹迪（Dundee）與西側的格陵諾克（Greenock）相連所繪成的虛擬界線以北即稱為蘇格蘭高地區。全區共有四十二間蒸餾廠，一般會再將其分為東西南北四大區，包括富特尼（Old Pulteney）、格蘭傑（Glenmorangie）等蒸餾廠均在此區。北方出產的威士忌酒質較為強烈；東方的蒸餾廠無論在地理位置或威士忌的特色上都與斯佩塞特較為接近；而西側所產的多是數量較稀少的古典酒款；南部酒款如格蘭哥尼（Glengoyne）等會採用煙燻的濃度偏低卻充滿特色的個性派麥芽原酒。

蘇格蘭高地區麥芽威士忌→P49～

斯佩塞特
Speyside

以斯佩河（River Spey）流域為中心，與其他區域相較下較為狹小的斯佩塞特，實際上所擁有的蒸餾廠將近六大區域總蒸餾廠數的一半左右。目前共約有五十間蒸餾廠設於此區。從以往便是大麥主要產地的斯佩塞特，加上水質優良、空氣涼爽等有助於大麥熟成的先天條件的加持下，使得此地極適於生產威士忌。不僅如此，此處還擁有許多高山峻嶺所切割而成的深谷，因此也曾是私釀極盛的區域之一。此處生產的麥芽形狀大小均相當適中，勻稱清新的外觀甚至會令人以為是花或果實。格蘭利威（Glenlivet）等知名蒸餾廠均位於此處。

斯佩塞特麥芽威士忌→P61～

蘇格蘭低地區
The Lowlands

指與蘇格蘭高地區一線之隔的南側區域。今日此地共有十間蒸餾廠，扣除處於歇業、停業狀態的蒸餾廠後，目前仍持續生產威士忌的僅剩歐肯特軒（Auchentoshan）、格蘭昆奇（Glenkinchie）與普萊諾克（Bladnoch）三間蒸餾廠。但現存的三間蒸餾廠均各具風格且充滿魅力。自古以來，低地區的蒸餾廠在釀酒時都會將麥芽蒸餾三次以上，藉此提煉出大麥那圓融穩重而又柔順的特殊滋味。穀類威士忌蒸餾廠與調和式威士忌業者多數以蘇格蘭低地區為主要據點。

蘇格蘭低地區麥芽威士忌→P77～

坎貝爾鎮
Campbeltown

在廿世紀初曾是麥芽威士忌的中心產地，曾經擁有三十間以上的蒸餾廠的坎貝爾鎮，至今僅剩下雲頂（Springbank）與格蘭斯柯蒂亞（Glen Scotia）兩間蒸餾廠。坎貝爾鎮的威士忌擁有豐潤的香氣及濃厚的鹽味，雲頂威士忌為繼承該地傳統的名酒，該蒸餾廠為帶動周邊蒸餾廠的復興，近年來也陸續推出新的麥芽威士忌酒款。

坎貝爾鎮麥芽威士忌→P80～

2 蘇格蘭威士忌的誕生歷史

在私釀歷史中獲得令人驚豔的成長

多數農民將造酒當作副業，蘇格蘭威士忌乃是自家製造的在地銘酒

蘇格蘭當地何以會持續傳承威士忌的製法至今，這點雖然已不可考，但目前多認為威士忌的製法是在十二世紀時由愛爾蘭傳入的。與啤酒相同，當時在修道院等處以「藥酒」名義製造的威士忌，其最早的文獻紀錄是一四九四年由蘇格蘭財務省所留下的，當中有著「修道士約翰・克爾（John Cor）以八磅麥芽製造出生命之水（Aqua Vitae）」這樣的記述。

之後歷經十六世紀的宗教革命，蒸餾技術也逐漸傳至民間，使得農家之間興起一股製酒熱潮。在大麥產量直線上升的推波助瀾下，農家開始將剩餘的大麥加以儲存，或將其用來代替一部分的地租繳交給地主。許多農民也從此時開始將釀酒當成副業，釀造所謂的自家製地酒（註一）。然而，地酒與今日的威士忌並不相同，是屬於無色透明且口感粗糙的蒸餾酒。在發明木桶熟成這項釀酒工程中不可或缺的重要步驟之前，尚有一段艱鉅而漫長的考驗。

因私釀而意外發現木桶熟成的神奇之處

現今那具備耀眼的琥珀色與圓潤細緻風味的威士忌，實際上是歷經十八世紀初期至十九世紀前半這段近百年的漫長歲月中從未間斷過的私釀歷史，才得以逐漸形成的珍品。

蘇格蘭議會初次對威士忌進行課稅起自於一六四四年，而在一七〇七年蘇格蘭與英格蘭合併後，稅金也跟著日益加重，因而激起英格蘭人民的反彈，使得私釀的情況也隨之大幅增加。

尤其在蘇格蘭獨立戰爭的最後戰役中（一七四五～一七四六年），詹姆斯黨（Jacobite）遭到毀滅性的挫敗，當時英格蘭希望趁此良機殲滅蘇格蘭的殘黨，於是下令禁止演奏風笛與穿著短披風，打算革除蘇格蘭的傳統文化。而在該戰役中戰敗的士兵們大多逃往高地區的深山中，接受蘇格蘭農民的幫助與庇護，同時開始私釀威士忌以作為主要收入來源。

「私釀時代」的展開，事實上對於威士忌之後的演變有著舉足輕重的影響。在此時期，人們開始懂得揀選良質的大麥與清冽純淨的山泉水，在燃料的選用上也改用含水量較豐的泥煤，並開發出便於搬運的單式蒸餾器

威士忌的語源

蒸餾酒的發源最早被認為是在西元四世紀時，於埃及是曾盛極一時的鍊金術的附屬產物。鍊金術師以拉丁語稱該酒為「亞庫亞・渥特耶（Aqua-VItae，指生命之水）」。此「生命之水」的製法後來經由中西歐出海，傳到了愛爾蘭以及蘇格蘭，譯成蓋爾語(Gaelic)後稱為「Uisge-beatha」。此單字爾後又轉化成「Usquebaugh」，最後在以訛傳訛的情況下，才演變成今日的威士忌（註二）。

註一：「地酒」是指使用當地原料並由當地造酒廠或蒸餾廠生產的酒。

註二：蘇格蘭與加拿大產的威士忌拼法為「Whisky」，而美國與愛爾蘭產的威士忌拼法則為「Whiskey」，日本威士忌由於師法蘇格蘭，因此拼法同為「Whisky」。

私釀時代的蒸餾器
（格蘭花格蒸餾廠）

（Pot Still），而學會利用存放過雪莉酒的空木桶儲酒，更堪稱此時期最重要的突破。

為了在沓無人蹤的深山裡輸送及保存威士忌，還必須能順利躲過徵稅官的檢查，急中生智的農家便將酒裝入空木桶中儲藏，卻因此有了新發現。為躲過檢查而緊急裝入空桶中的威士忌在數年後再次開封時，原本透明無色的威士忌已在冷冽的氣候下徹底熟成，色澤也轉變成琥珀色，且滋味變得更加芳醇而厚實。蘇格蘭威士忌便是在這樣的私釀時代中獲得了巨大的蛻變與進化。

政府許可的蒸餾廠誕生，由副業性生產轉變為正式產業

目前在蘇格蘭高地區的斯佩塞特區域（Speyside）蒸餾廠之所以會分布得如此密集，主要也是基於這樣的背景。該地除了擁有生產威士忌的絕佳條件之外，還有許多藏於深山之中的酒廠。蒸餾廠的名稱多以蓋爾語命名，如「～谷」、「～窪地」等。從名稱上也反映出此處曾盛極一時的私釀歷史。

私釀時代於一八二三年告一段落，起因是英格蘭政府對於取締成效不彰的私釀情形改以修訂酒稅法的方式加以壓制：主要內容包括每年只需繳交十英鎊的稅金，以及任何人都可以自由釀酒。在稅率大幅降低且有明確規範的情況下，地區性差異與資源分配不公等問題也隨之消失。到了隔年，也就是一八二四年的時候，獲得政府認可的第一間蒸餾廠風光成立，也就是後來相當知名的格蘭利威（Glenlivet）蒸餾廠。

在一八二〇年至三十年代之間，政府認可的蒸餾廠如雨後春筍般紛紛成立，私釀也逐漸從威士忌的舞台上銷聲匿跡。而蘇格蘭威士忌的製造也從農家的副業一躍而成了一種獨立而龐大的專門產業。

蘇格蘭威士忌誕生歷程之重要記事

1494	蘇格蘭威士忌首見於文獻中。 蘇格蘭王室財務省的紀錄中記載著，「修道士約翰克爾以八磅麥芽製造出生命之水。」
1644	蘇格蘭議會初次對威士忌進行課稅。
1707	蘇格蘭與英格蘭合併。 從此時期開始政府加重對威士忌的課稅，使得轉而進行私釀的反對者日增。
1746	在可洛登（Culloden）一戰中詹姆斯軍慘遭英格蘭軍擊敗，威士忌也同時全面進入私釀時代。在此戰役中敗北的蘇格蘭人獨立夢想隨之破滅，敗軍也開始朝著高地區撤散遁逃。此後私釀在高地區進入了繁盛時期，包括木桶熟成與流傳至今的蘇格蘭威士忌基本製法，均是在此時期確立。
1823	政府修訂酒稅法，並進入公開認可蒸餾廠的時代。 內容包括調低稅率，即每年繳交十英鎊的認可稅即能自由釀造威士忌等措施。隔年格蘭利威蒸餾廠成為政府正式認可的第一間蒸餾廠。

3

木桶熟成與麥芽風味的關係

麥芽會因木桶曾儲放過的酒類不同而被賦予各種特色

享受雪莉桶與波本桶迥然不同的風格與特性

蘇格蘭威士忌均使用橡木桶加以熟成，但在將威士忌裝入木桶之前，通常會先將木桶用來儲存威士忌以外的其他酒類。

木桶大略可分為雪莉桶、波本桶以及再生桶（Plain Cask）。前兩者就如同其名稱一樣，是用來儲放雪莉酒與波本酒的酒桶；而再生桶則是指曾用於熟成蘇格蘭威士忌後不斷再次使用的酒桶。儲放威士忌時，由於擔心新桶會析出過多且過於濃烈的材質成分，因此一般不會使用新桶進行熟成。

起先用於熟成麥芽的木桶多是由英國大量輸入也最容易取得的雪莉空桶。進入二十世紀初期後，隨著威士忌大量生產的時代到來，雪莉桶的數量逐漸不敷使用，因此使用波本桶熟成的方式也應運而生。直到今日，使用波本桶反而成為主流，而雪莉桶則由於日趨稀少而致使價格高昂。

無論是波本桶或是雪莉桶，都會對麥芽的風味產生影響，酒的色澤與滋味也會因熟成木桶的差異而改變。兩種木桶各別的特徵如左頁表格所示，雪莉桶熟成的威士忌與波本桶熟成的威士忌風味各有不同。請在確認過兩者之間的差別後，實際品嚐用不同木桶所熟成的威士忌，來享受箇中趣味吧。

存放著長達五十年原酒的雪莉酒桶。一般酒桶壽命為五十～七十年。其中有些酒桶在裝入威士忌前曾多次（最多三次）儲裝其他酒類。

在木桶製造過程中，為了使橡木容易彎曲塑形會施加大量蒸氣。製桶廠是充斥火與蒸氣的場所。

雪莉桶

存放熟成雪莉酒的木桶。桶子的香氣與色澤會滲入酒中，使得酒本身的色澤會帶有些許深紅，且濃厚如乾燥果實般的芳香與雪莉桶淡雅的甜味也會滲於酒中。

麥卡倫

堅持以雪莉桶熟成並具備濃醇雪莉酒滋味的代表性威士忌首推麥卡倫(Macallan)。其他尚包括格蘭花格（Glenfarclas）等酒款。

波本桶

使用將內側略加烤焦後且曾存放波本酒的木桶加以熟成。桶身色澤較不明顯而使成品偏咖啡色，材質細緻且散發著如香草般的風味，帶有柑橘般清新香味也是其特徵。

格蘭傑

使用波本桶熟成且具備純熟波本風味的酒款以格蘭傑(Glenmorangie)為代表。拉弗格（Laphroaig）等酒款也是使用波本桶熟成。

何謂風味桶威士忌？

使用雪莉桶或波本桶熟成後，若在最後一次熟成步驟改用與原用材質不同的木桶進行熟成，所得的成品即稱為風味桶威士忌（Wood Finish）。此種威士忌的製法是由格蘭傑威士忌創先開發，儲放用的酒桶包括波特桶、雪莉桶、馬德拉桶（Madeira Butt）、勃根地桶（Bourgogne）等等。在使用波本桶熟成十年以上後，再選用上述的任一木桶進行一～二年的成酒熟成，如此將可為威士忌增添全新的風味，並完成匠心獨具的成品。

4

透過品酒來剖析麥芽威士忌的風味

藉由確認色澤、香氣與味道，來認識各款威士忌的特有性質

牢記多項品酒重點，並基於個人感覺作出判斷

品嚐威士忌的滋味時雖無須過度拘泥於要訣，但試著找出各種單一麥芽威士忌中所具有的迥異風貌，也不失為品酒時的一大樂趣。

不同的威士忌在色澤、香氣與滋味等方面均會有所差異，只要多方嘗試比較甚至挑戰品酒的話，必能體驗到其中趣味。

新手只須先準備好玻璃杯和水，為使香味易於逸出，使用透明的鬱金香型香檳杯為佳。

品酒時，先淺嚐過不加水的純威士忌後，再酌量加水以確認威士忌散出的香氣特性。加水時應盡量避免使用自來水，而應改用水質較軟的礦泉水為佳。

具體的品酒順序與重點如下表所示。除了憑藉個人的感覺品酒外，也可試著感受威士忌隨木桶、原料、蒸餾等製程上的差異所產生的特有香氣。

初入門者可根據香氣輪（參照第33頁）來檢驗各種香氣的差異。香氣與滋味除了會因酒款不同而有所落差外，香味強弱與滋味濃厚與否也會隨時間經過而產生變化。

起初或許會較不易掌握具體的香氣與滋味，但循序漸進地習慣後，必能充分體會品嚐威士忌的箇中三昧。

品酒的順序與要訣

色澤

①將二十～三十毫升威士忌倒入玻璃杯中並仔細觀察其色澤

即使同為琥珀色，也會有濃淡、偏紅或偏黃等色澤上的差異。光澤與透明程度等也是必須注意的重點。另外，可將玻璃杯身略微傾斜，藉由觀察酒腳來確認杯中酒液的黏性。越是由酒質濃厚的麥芽原酒製成的威士忌，在杯中的滑動速度就會愈加緩慢。

香氣

②品聞酒液最直接的芳香

在含入口中之前從酒液中飄散而出的香味即稱為酒香（Aroma）。飲用前可先晃動杯中的威士忌，使其與空氣接觸後，再迅速地吸入一口酒香。接著再將酒杯靠近鼻尖緩緩地品聞香氣。酒香會隨著時間經過而逐漸產生變化。最初從酒液中飄出的香氣稱為前味（Top Note）。

滋味

③將少許酒液含入口中藉以確認其濃度與滋味

當將威士忌含入口中時，最初所感受到的會是酒液的口感與酒精濃度。擁有芳醇濃郁滋味的威士忌稱為Full Body，而滋味輕盈爽口的威士忌則稱為Light Body。當感受到口中酒液散發出直衝鼻腔的香氣時，再接著用舌身仔細地探尋酒液本身的滋味，包括：甜味、鹽味、酸味、味道是柔醇順口或是厚重辛辣、酒的烈度是炙口或是帶著沈穩潤暖的滋味等……。

④享受入喉後的尾韻

將威士忌吞飲入喉後所感受到的印象稱為尾韻或後勁。以良質麥芽製成的威士忌尾韻深長且持久多變，滋味也具有相當的深度。威士忌入喉後湧出的尾韻豐富多元，如清爽淡雅或是奢華豐潤，另外還包括香氣是否明顯，甚至是尾韻持續的時間長短等……。

加水

⑤加水稀釋並重複同樣的動作

在遵循上述品酒步驟品嚐過純威士忌後，再加入約為三分之一倍至同等份量的水，接著再重複一次同樣的品酒步驟。加水能使威士忌的香味更容易溢散而出，滋味也會比純威士忌更加明顯而容易體驗。

香氣輪（Aroma Wheel）與香氣表現

根據麥芽威士忌的香氣與風味等特徵做成的圓餅圖稱為香氣輪。一九七九年所做的「班德勒香氣輪」（Pentland Flavor Wheel）可說是最早的，後人將其簡化為更簡單易懂的圖形。依據繪製完成圖形的大小（面積）及形狀，就能比較麥芽整體的能量與種類（是否調和？獨特？），也可以客觀比較，相當有趣。

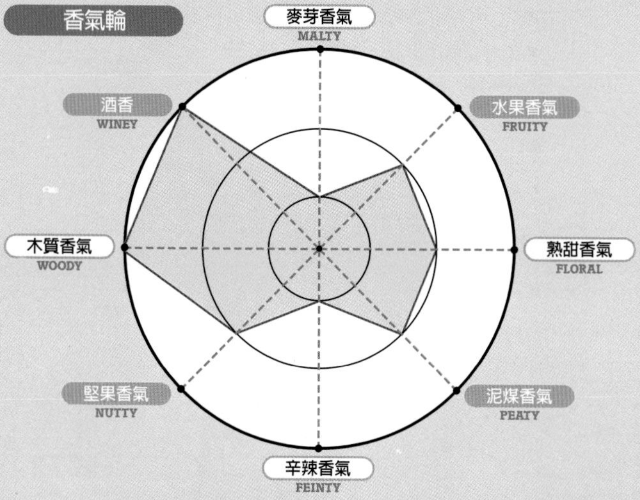

麥芽香氣
MALTY

原料大麥、麥芽本身在發酵過程所散發的香氣。有著麥芽的自然香甜風味與穀類的香味，以及麵包和烤洋芋泥般的香氣。

ex. 如麥芽本身的香氣、近似剛出爐的麵包、烤薯泥、加熱蔬菜、麥片、麥芽牛奶、蘋果薄荷糖、植物莖部、糟糠、綠蕃茄等所具有的香氣。

水果香氣
FRUITY

如葡萄乾、蜂蜜、布丁、橘子果醬等帶有甜味而撩動味覺的芳香。與熟甜香氣一樣，都是在發酵及蒸餾過程中所產生的香氣。

ex. 近似葡萄乾、無花果、乾果、杏仁、布丁、蜂蜜、蜜蠟、苜蓿、橘子果醬、太妃糖等所具有的香氣。

熟甜香氣
FLORAL

如花朵、藥草、新鮮或成熟果實所散發出的天然香味。為令人心曠神怡的芳香，是在發酵與蒸餾過程中產生的香氣。

ex. 近似玫瑰、石楠花、槿花、桃花、蘋果、成熟的洋梨、香蕉、鳳梨、木莓、檸檬、橙皮、椰子、乾草、草皮、藥草等所具有的香氣。

泥煤香氣
PEATY

主要是指乾燥麥芽時燃燒泥煤所產生的燻煙附著於麥芽上所形成的香氣。另外，造酒用水本身有時也帶有泥煤香氣。大海與海草的香氣也包括在內。

ex. 近似泥煤燃煙、燻煙、柴煙、燻鮭魚、碘酒、藥品、消毒用酒精、海草、苔蘚、香菇、濕潤的土壤、肉桂棒等具有的香氣。

堅果香氣
NUTTY

可讓人聯想到在熟成過程及發酵時產生的高級脂肪酸及乳製品、奶油等的香氣。

ex. 杏仁、榛果、生奶油、奶油、蠟、油脂、牛奶巧克力、烤焦蛋糕等香氣。

辛辣香氣
FEINTY

伴隨蒸餾過程而產生的刺激性香氣。如施放煙火後殘留的嗆鼻香味與塑膠臭味。皮革製品般的香味也屬此類。

ex. 近似火柴、煙火、橡皮擦、白煮蛋、溫泉、皮革製品、起司、香腸、香菸、紅茶茶葉、鞋油、烤豬皮等所具有的香氣。

酒香
WINEY

藉由以雪莉酒為首的葡萄酒桶熟成所賦予的濃郁香氣。

ex. 雪莉酒、夏內多白酒、葡萄酒、波特酒、白蘭地、馬德拉西、Oloroso雪莉酒、熟透的蘋果酒等香氣。

木質香氣
WOODY

來自酒桶或木桶熟成過程中產生的香氣。具有清爽甘甜的特質。近似淡咖啡般的香氣。

ex. 近似雪莉酒、波多紅酒、白蘭地、堅果、胡桃、奶油、牛奶巧克力、可可亞、橄欖、雪茄、木屑、芬多精、略焦的蛋糕等所具有的香氣。

你一定得先品嚐的 推薦酒款！

在此推薦正準備進入威士忌世界的朋友們五款酒款，
期能作為諸位選購時的參考。
此五款蘇格蘭單一麥芽威士忌均有著獨特的特色與魅力。

麥卡倫12年單一麥芽威士忌

THE MACALLAN 12

→P74

●斯佩塞特

酒質飽滿的斯佩塞特麥芽威士忌，為雪莉桶熟成酒的代表性酒款！

擁有「單一麥芽威士忌中的勞斯萊斯」美名的麥芽威士忌之王。足以將雪莉桶熟成的魅力展露無遺。請細細品嚐在為數眾多的斯佩塞特威士忌中也能獨占鰲頭的醇實酒質。

波摩12年單一麥芽威士忌

BOWMORE 12

→P38

●艾雷島

煙燻滋味與海潮芳香構成絕妙的平衡，認識艾雷島無窮魅力的最適酒款！

獨特的燻香與帶有碘酒氣味的海潮香氣為其特色。其煙燻香氣的濃厚程度在艾雷島麥芽威士忌中屬於中等，酒液中帶有鮮明細緻的花香更添其魅力。請一定要試著體驗其多重滋味的絕妙平衡。

格蘭傑10年單一麥芽威士忌

GLENMORANGIE 10

→P51

●蘇格蘭高地區

蘇格蘭高地的王者，耀眼質醇的波本桶熟成酒最佳代言酒款！

輕盈淡雅卻豐潤的滋味，以及令人聯想到花朵與柑橘的清新香氣。為精心打造而成的蘇格蘭高地之王者。貫徹波本桶熟成的製法同樣聞名遐邇。在女性之間也擁有高人氣的麥芽威士忌酒款。

格蘭菲迪12年單一麥芽威士忌

GLENFIDDICH 12 Special Reserve

→P66

●斯佩塞特

另一款知名斯佩塞特麥芽威士忌，具有無比輕盈而鮮明的滋潤口感！

在多屬厚實滋味的斯佩塞特麥芽威士忌中，也存在著口感輕盈細緻而滋味豐富多變的酒款。而以鮮明的滋味與澄淨色澤樹立名號的，即是此款全球銷售量高居首位的格蘭菲迪單一麥芽威士忌。

高原騎士12年單一麥芽威士忌

HIGHLAND PARK 12

→P44

●愛爾蘭

北海島嶼孕育出的強烈風味，豐潤滋味無可挑剔的極致酒款！

來自蘇格蘭北方奧克尼群島上的蒸餾廠，集醇美滋味於一身的古典愛爾蘭單一麥芽威士忌。因蘊藏多重風味而廣受好評的一品。

蘇格蘭單一麥芽威士忌·酒款型錄

Single Malt Scotch Whisky Catalog

ARDBEG

雅柏

極致的泥煤與煙燻風味，完美詮釋艾雷島豐潤滋味的一品

位於艾雷島東南方海岸的雅柏蒸餾廠是於一八一五年由島上居民麥克道格（MacDougall）所創立，至今已營業近一百年。由於在進入廿世紀後，該蒸餾廠的經營者不斷更換且產量減少，使其威士忌的生產在一八八〇年至八九年間完全陷入停擺狀態。然而，在一九九七年被格蘭傑公司收購後，歷經整修改裝後的蒸餾廠又得以重生。「Ardbeg」在蓋爾語有著「小型海岬」的意思。此酒款的煙燻風味在艾雷島麥芽威士忌中堪稱煙臭味最為濃厚，海潮鹽味與碘藥味也相當強烈。然而，當中所蘊含的鮮明香氣及果香也為酒液帶來了甘甜的口感。焚燒泥煤使其滲入麥芽中的燻香濃度居所有蘇格蘭威士忌之冠。「雅柏10年」擁有雅柏酒款系列中最具代表性的煙燻風味，也屬高酒精濃度的烈酒系列。

TASTING Note

雅柏10年單一麥芽威士忌

700ml・46%

色澤	極淡的金黃色。近似檸檬黃。
香氣	主體為柏油氣味。另帶有如洋梨、棉花糖般的淡甜香氣。
風味	如西洋巧克力般的微甜感中帶有明顯的煙燻味。橙酒、酒渣、脫脂奶粉的味道。
整體印象	呈油狀而略苦。尾韻深沈綿長，具有近似牙醫診所般的氣味。

DATA

製造廠商	格蘭傑公司（Glenmorangie）
創業年份	1815年
蒸餾器	燈籠型
產地	Port Ellen, Islay
	http://www.ardbeg.com/

LINE UP

- 雅柏Uigeadail（700ml・54.2%）
- 雅柏Airigh Nam Beist（700ml・46%）
- 雅柏Lord of the Isles（700ml・46%）

BOWMORE

波摩

引人入絕妙之境的煙燻與海潮芳香，體驗艾雷島魅力的絕佳酒款

劃過艾雷島中央的英達爾灣（Loch Indaal）區域，有座名為波摩的小型港鎮。此酒的蒸餾廠即位於該港鎮附近。波摩在蓋爾語中為「大型岩礁」之意。此蒸餾廠是當地商人辛普森（John Simpson）於一七七九年所創設，也是艾雷島上歷史最攸久的蒸餾廠。據說當地刮強風時，海浪甚至會打上屋頂，使得原本位於海邊的熟成庫房會沒入海中一公尺左右。造酒用水來自拉根河（River Laggan），是流經泥煤層而帶有濃厚色澤的水。此外，波摩也是目前採行地板發芽的五大蒸餾廠之一。燃燒泥煤增添香氣時會選用發芽程度適中的麥芽，而其煙燻香氣在艾雷島威士忌中則屬中等。使用流經泥煤層的水源與燃燒泥煤，並吸收了海潮芳香的熟成酒，混合著煤燻香氣、海潮鹽香與花香並構築成絕妙的平衡，是款認識艾雷島麥芽威士忌整體形象的絕佳酒款。

DATA

製造廠商	波摩公司（Morrison Bowmore Distillers）
創業年份	1779年
蒸餾器	直頭型（Straight Head）
產地	Bowmore, Islay
	http://www.Bowmore.co.uk/

LINE UP

- 波摩S.S.（700ml・40%）
- 波摩單桶原酒（700ml・56%）
- 波摩新瓶（700ml・43%）
- 波摩Dawn（700ml・51.5%）
- 波摩Dusk（700ml・50%）
- 波摩17年（700ml・43%）
- 波摩25年（700ml・43%）

TASTING Note

波摩12年單一麥芽威士忌

700ml・40%

色澤	金黃色。
香氣	煙燻風味。如軟糖、海草、牛皮、高達乳酪、乾柿般的氣味。
風味	有著稠膩的滋味，也帶著如可爾必思般的乳酸口感與奶油味。另外有著如銅般的金屬麥芽風味。
整體印象	煙燻風味意外地強烈且多變，並帶有微薄的煤炭味。滋味偏向清爽，加水後會引出近似肥皂或蠟筆的香味。

BRUICHLADDICH

布魯萊迪

帶有清新淡雅的水果香氣，滋味輕盈豐潤的艾雷島麥芽威士忌

布魯萊迪蒸餾廠位於含覆英達爾灣的波摩鎮的對岸，也是位於蘇格蘭最西邊的蒸餾廠。「Bruichladdich」在蓋爾語中是「海邊的丘陵斜面」之意。該蒸餾廠創立於一八八一年，但一九九四年之後便停止生產，直到二〇〇一年五月才又重新運作，且在原波摩蒸餾廠的所有人吉姆・馬可旺（Jim McEwan）與其合夥人的共同努力下重生。布魯萊迪系列酒款在艾雷島麥芽威士忌中屬清淡系列，是以清澈的水源與幾乎不帶煙燻風味的麥芽為原料製成，具有柑橘系的新鮮水果香氣與淡雅爽口的滋味。此蒸餾廠在二〇〇三年增設了蘇格蘭當地為數甚少的裝瓶設備，並省略冷卻、過濾及焦色等步驟，僅以蒸餾廠的專用水源進行加水作業，在保持四六%的酒精濃度下裝瓶。然而，近來使用了煙燻味厚重的麥芽製成的「夏洛特港（Port Charlotte）」、「奧克特摩（Octmore）」等酒款陸續問世，將來的發展也相當值得期待。

TASTING Note

布魯萊迪10年單一麥芽威士忌

700ml・46%

色澤	略偏淡黃色的金色。
香氣	有著如新麥、石楠花般的芳香，另帶有少許油脂（腰果）般的沈膩香氣與金屬香氣。
風味	類似人造香水般的氣味中，帶著洋梨般的新鮮風味。近似柳橙汁。
整體印象	散發出青澀卻新鮮的質感，還帶有近似施放完的煙火所散發的煙硝味。

DATA

製造廠商	布魯萊迪酒廠（Bruichladdic Distillers）
創業年份	1881年
蒸餾器	直頭型
產地	Bruichladdich, Islay http://www.bruchladdich.com/

LINE UP

布魯萊迪15年（700ml・46%）
布魯萊迪20年（700ml・46%）

BUNNAHABHAIN

布納哈本

清新海潮香氣加上甘美的口感，艾雷島最清淡爽口的麥芽威士忌

布納哈本蒸餾廠是艾雷島上所有蒸餾廠中位置最北者，它位於比阿斯凱克港（Port Askaig）更偏北、隔著艾雷海峽遙望侏儸島的偏遠位置。此蒸餾廠建於一八八一年，並從一八八三年起投入威士忌的生產行列。蒸餾廠建於人煙稀少的河川入海口處，而「Bunnahabhain」在蓋爾語中也是「河口」之意。造酒用水取自瑪加岱爾河（Margadale River），而透過水管由上游抽取的水，是由石灰岩湧出的純淨硬水。使用如此乾淨澄澈的河水，搭配未經煙燻加工的麥芽所製成的布納哈本威士忌，不僅具有海潮般的新鮮香氣，在艾雷島威士忌中也以輕巧、清新與細緻等特徵樹立其獨特風格。此品牌在二〇〇三年被英商邦史都華公司收購，並於二〇〇四年限量發行該公司從九〇年代後期開始以實驗性質大量燻入泥煤風味的酒款「Moing」。現正投入更純淨的新款威士忌的研發中，敬請期待。

DATA

製造廠商	英商邦史都華公司（Burn Stewart）
創業年份	1883年
蒸餾器	直頭型（洋蔥型）
產地	Port Askaig, Islay

LINE UP

- 布納哈本12年（700ml・40%）
- 布納哈本18年（700ml・43%）
- 布納哈本25年（700ml・43%）

TASTING Note

布納哈本12年單一麥芽威士忌

700ml・40%

色澤	帶有紅潤感的深金黃色。
香氣	如蘋果派、卡士達奶油般的香氣。開瓶放置一段時間後會散發出海潮鹽味以及雪莉桶的香氣。
風味	淡雪莉酒、肉桂、木瓜、土司、杏仁的味道，還夾雜著些許楓糖漿的滋味。
整體印象	幾乎感受不到煙燻風味。雪莉酒的味道頗強，且整體滋味十分厚實沈穩。

CAOL ILA

卡爾里拉

牽動艾雷島威士忌愛好者的心，厚重微辣的泥煤味更顯出麥芽威士忌的獨特風格

「Caol Ila」在蓋爾語中的意思即是指「艾雷海峽」。正如其名所示，卡爾里拉威士忌的蒸餾廠也位於阿斯凱克港入海口處，於一八四六年由海克・韓特森（Hector Henderson）設立。從蒸餾室（Still House）的大型窗戶向外眺望，可清楚看見航行在艾雷海峽上的船隻與侏儸島全島。緊鄰蒸餾廠後方的丘陵上有南蠻湖（Loch Nam Ban），造酒用水多取自於此。此湖水質鹽味重且含豐富礦物質，泥炭色也相當濃厚。此酒款的辣味在艾雷島威士忌中雖為淡薄系列，但厚重的泥煤所帶來的煙燻風味與嗆辣滋味仍使其具有強烈的特色。色澤清新卻有著油膩的流質感。目前蒸餾廠為帝亞吉歐公司所有，年產量約為三百五十萬公升，為艾雷島第一位。多作為調和用原酒使用，連帶使得單一麥芽酒款不易入手，因此，該公司於二○○二年發售了「Hidden Malt」系列酒款，以滿足各種客層的需求。

TASTING Note

卡爾里拉12年單一麥芽威士忌

700ml・43%

色澤	較淡的金黃色，近似檸檬水。
香氣	如煙燻火腿，小麥、水梨與葡萄等果實香氣也蘊藏其中。酒液散發著水潤感。
風味	舌身能感受到鹽味，而甜味與香草風味則會在口腔中散開。另帶有少許羅勒風味與葡萄的滋味。
整體印象	香氣、滋味與尾韻均相當成熟，另有柏油般的沈膩流動感。

DATA

製造廠商	帝亞吉歐公司（Diageo PLC）
創業年份	1846年
蒸餾器	直頭型
產地	Port Askaig, Islay

http://www.discovering-distilleries.com/caolila

LINE UP

卡爾里拉單桶原酒（700ml・55%）

卡爾里拉18年（700ml・43%）

LAGAVULIN

拉加維林

強烈的煤燻香氣與海潮芳香完美結合，口感厚實卻柔順且易於入喉

拉加維林蒸餾廠於一八一六年建於艾雷島南岸，據說在一七四〇年代，這家蒸餾廠周邊同時有十數間私釀廠存在。「Lagavulin」在蓋爾語中意思是「有水車小屋的窪地」，此蒸餾廠正如其名，周圍充滿了優質的泥煤與水量豐沛的湧泉，且位於氣候濕潤的潮濕地帶。因此從此蒸餾廠誕生的威士忌也具有強烈的泥煤與煙燻香氣，而海潮與海藻的芳香等艾雷島麥芽威士忌的註冊商標更是一樣不缺，同時又帶有樹木與水果等複雜的香味及甜味，厚實且圓熟的口感加上深長的尾韻更令人讚不絕口。此酒有「艾雷島巨人」之美稱，即使綜觀島上所有麥芽威士忌，此銘酒也能榮膺傑作。目前該蒸餾廠為帝亞吉歐公司所有，而該公司另一款「古典麥芽系列」中的「拉加維林16年」，是將原酒經十六年長期熟成所得的醇酒，此知名酒款同時也是調和式威士忌「白馬」（White Horse）的主要原酒。

DATA

製造廠商	帝亞吉歐公司
創業年份	1816年
蒸 餾 器	直頭型（洋蔥型）
產　　地	Port Ellen, Islay

http://www.discovering-distilleries.com/lagavulin

LINE UP

拉加維林16年（700ml・43%）

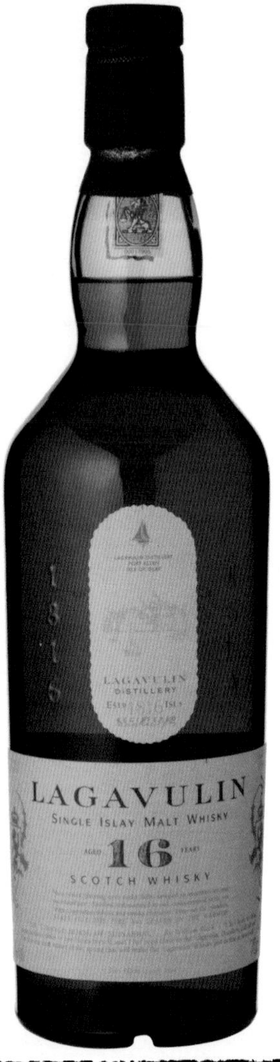

TASTING Note

拉加維林16年單一麥芽威士忌

750ml・43%

色澤	琥珀色。
香氣	帶有如蠟筆與油畫顏料般的油膩香味，另外摻雜著紫蘇香氣。
風味	泥煤味極重，如同燒焦的香柱般，以及黑糖葛切般的甜味。給人宛如抽雪茄般的感受及鰹魚乾般的風味。
整體印象	尾韻深長而持久，即使加水稀釋也不易改變其風味。建議以純飲為佳。

LAPHROAIG

拉弗格

如同藥品般的嗆鼻香味與煙燻香氣，為酒迷難以抗拒的艾雷島銘酒

拉弗格蒸餾廠於一八一五年由喬斯頓兄弟（Alex & Donald Johnston）於艾雷島南部海邊創立。「Laphroaig」在蓋爾語中意指「隱身於寬闊海灣中的美麗窪地」。除了強烈的煙燻風味外，如同藥品般的嗆鼻碘酒味也使其擁有鮮明形象，只要飲用過便難以忘懷。在一九五〇～七〇年代間是由一位名為貝西・威廉斯（Bessie Williamson）的女性擔任蒸餾廠所長，而許多堅持原則的傳統製法也是從當時傳承至今。今日製造拉弗格威士忌時，同樣使用地板發芽的方式，將麥芽乾燥後，再使用蒸餾廠附近的採石場中的泥煤進行煙燻作業。此泥煤含有大量苔蘚，因而擁有特殊的香氣。熟成時僅選用已裝桶過一次（First Filled）的波本空桶，如此方能賦予酒液有深度的甜味。此酒款也深受英國查爾斯王子喜愛，是單一麥芽威士忌中唯一受到皇室青睞的酒款。

TASTING Note

拉弗格10年單一麥芽威士忌

750ml・43%

色澤	淡琥珀色，帶有些微橙色。
香氣	藥味濃，夾雜著咖啡般的苦澀滋味。另外還有檸檬的酸味與少許豆漿及奶油的香味。
風味	雖經過煙燻，仍散發著淡淡的甜味。如麝香葡萄與芒果般的滋味中夾帶著豆漿般的淡香風味。
整體印象	雖然碘酒的氣味濃厚，仍能從中品嚐到水果般的芳香甜味。

DATA

製造廠商	亞蘭德酒廠（Aland Distillers）
創業年份	1815年
蒸餾器	直頭型，燈籠型
產地	Port Ellen, Islay
	http://www.laphroaig.com/

LINE UP

- 拉弗格$\frac{1}{4}$桶原酒（700ml・48%）
- 拉弗格10年單桶原酒（700ml・55.7%）
- 拉弗格15年（750ml・43%）
- 拉弗格30年（750ml・43%）

HIGHLAND PARK

高原騎士

誕生於世界最北的蒸餾廠，採用頂極的手翻麥芽為其不變的堅持

蘇格蘭北方有著由大小不等的七十多個島嶼組成的奧克尼群島，在維京語中，奧克尼意指「海豹之島」。而高原騎士蒸餾廠則是於一七九八年建於奧克尼群島主島上的科克沃（Kirkwall）。該地位於北緯五十九度，是全世界最北端的蒸餾廠。據說，開啓私釀風潮的便是該處某教會的長老瑪格納斯・悠森（Magnus Eunson），他為了逃避重稅而在教堂的講台下私釀威士忌。此蒸餾廠所製造的麥芽具備經典單一麥芽威士忌所需的一切要素，因而有「麥芽威士忌的完美呈現」（All-Rounder）之美稱。而這款獲得鑑賞家高度評價的威士忌，酒液中兼具麥芽風味、石楠花與蜂蜜的香味及煙燻香氣，諸多要素完美相融而構成圓融豐潤的整體滋味。直至今日該廠仍將二〇%的麥芽以地板發芽的方式處理後，再以該地特有的具有石楠花香味的泥煤進行煙醺。另外，採用富含礦物質的硬水作為造酒沸水，再加上吹拂至此的海風使其風貌別具一格。

DATA

製造廠商	蘇格蘭高地酒廠（Highkand Distillers）
創業年份	1798年
蒸 餾 器	直頭型（洋蔥型）
產　　地	Kirkwall, Orkney
	http://www.highlandpark.co.uk/

LINE UP

高原騎士18年（750ml・43%）
高原騎士25年（750ml・53.5%）
高原騎士30年（700ml・48.1%）

TASTING Note

高原騎士12年單一麥芽威士忌

750ml・43%

色澤	亮麗的琥珀色。
香氣	如葡萄乾三明治、牛奶巧克力般帶有濃厚的香味。另有些微的土臭味。
風味	濃稠的滋味會緩慢地在口中漸漸擴散。帶有些許海潮鹹味，如同除去碳酸的蘇打水般。另有些許鐵屑味。
整體印象	濃厚的滋味與香氣會隨著酒液入喉而滲入全身，可謂充滿能量的一品。

ISLE OF ARRAN

愛倫威士忌

愛倫島上浴火重生的蒸餾廠所孕育出的甘美圓潤滋味

設立於一九九五年，堪稱蘇格蘭中數一數二的新式蒸餾廠之一的便是愛倫蒸餾廠。其位於琴泰岬（Mull of Kintyre）右側的愛倫島北岸洛克蘭沙（Lochranza）的河口處。創立者為當時的起瓦士公司（Chivas Brothers）負責人，同時也是蘇格蘭威士忌業界要角之一的哈洛德・卡利（Harold Currie），他基於「擁有個人的蒸餾廠」的長年夢想所設立。在威士忌產量最盛的期間，愛倫島上約有五十多間大小不一的蒸餾廠，是處因生產良質威士忌而聞名遐邇的土地。然而在一八三六年，最後一間蒸餾廠吹完熄燈號後，此處威士忌的生產便完全停擺，直到一百六十年後才再次復活。此蒸餾廠的造酒用水來自位於山林間的達比湖（Loch na Davie），且其水源經過花岡岩與泥煤層的天然過濾，才能使威士忌擁有獨特而圓熟的風味。加上使用輕泥煤煙燻的麥芽，使得愛倫威士忌能夠成為清新甘甜、果香四溢而滋味醇實圓潤的頂級麥芽威士忌。今後發展也相當令人期待。

TASTING Note

愛倫10年麥芽威士忌

700ml・46%

色澤	偏淡黃系的金黃色。
香氣	偏向帶甜味的香氣，如蜂蜜。或像是杜鵑等花朵的花蜜香味。
風味	清淡而缺乏熟成感的微甜，如香草。入喉後口中殘留的少許味道會立刻消失。
整體印象	具有偏甜而柔和的形象，尾韻中帶有些許的木屑味。酒杯中的殘香則如同甜豆般。

DATA

製造廠商	愛倫酒廠（Isle of Arran Distillers）
創業年份	1995年
蒸餾器	直頭型
產地	Lochranza, Isle of Arran http://www.arranwhisky.com/

LINE UP

- 愛倫麥芽威士忌（700ml・43%）
- 愛倫麥芽威士忌100 Proof（700ml・57%）
- 愛倫單一酒桶麥芽威士忌（700ml・59.5～59.7%）

JURA

佅儸島威士忌

清爽淡雅的麥芽風味，誕生於「鹿島」的輕盈麥芽威士忌

佅儸島是漂浮在艾雷島東北方的細長島嶼，人口約二百人。與稀少的人口相比，野生鹿的數量多達五千頭實在令人驚訝，而「Jura」在維京語中就是「鹿島」之意。該島釀製威士忌的歷史最早可追溯到一五〇二年時，而現存的蒸餾廠為一八一〇年所建造。雖然佅儸島與艾雷島相鄰，但兩島所生產的威士忌卻截然不同。造酒用水取自由泉水湧出、流經泥煤層的軟水，加上以不含泥煤風味的麥芽進行發酵，使得這款威士忌具有好入口的清爽風味。高達八公尺的壺型蒸餾器也為其特徵之一，也因此造就純淨的酒質。於一九九五年換新東家之後，該廠加入了使用年輕泥煤的麥芽製法，而熟成桶基本上也改用波本桶的第一次儲裝桶，使其更添溫潤滋味。

DATA

製造廠商	懷特馬凱烈酒集團（Whyte & Mackay）
創業年份	1810年
蒸餾器	燈籠型
產地	Craighouse, Isle of Jura
	http://www.Isleofjura.com/

LINE UP

佅儸島威士忌16年（750ml・40%）
佅儸島威士忌21年（750ml・40%）
佅儸島Superstition（700ml・43%）

TASTING Note

佅儸島10年單一麥芽威士忌

700ml・40%

色澤	偏黃色系的金黃色。
香氣	如草帽般的植物清香。亦如米糠、土司與養樂多般的香味。清淡而易於入喉。
風味	略具粉粒感，如烤至半熟的餅乾。甜味在入口後便充滿口中。帶有如麥茶般的尾韻。
整體印象	穩重溫和，加水能引出些微的辛辣，尾韻較短暫。

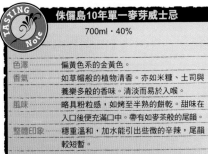

SCAPA

斯卡帕

香草花香加上海潮清香，清淡卻多變的香氣釋放出無窮的魅力

其蒸餾廠與高原騎士相同，均位於北海的奧克尼群島中的最大島之上，而斯卡帕蒸餾廠則建於島南，面對著斯卡帕海峽。「Scapa」在維京語中有著「貝殼地層」的涵義。此酒廠創立於一八八五年，所生產的麥芽威士忌具有香草及蜂蜜般的芳香，輕盈而溫潤，當中夾雜著些許辛辣與海潮香氣，滋味複雜而充滿獨特個性。造酒用水取自林格羅河（Lingro Burn）上游，具有極濃的泥煤味。但作為原料的麥芽卻幾乎不經燃燒泥煤的程序。單式蒸餾器的初餾鍋呈相當特別的圓桶型，透過此蒸餾器將可得到偏油性的原酒。儲藏熟成過程則是採用波本桶。為百齡罈（Ballantines）威士忌的原酒之一，從早期便多用作調和式威士忌的原酒使用。但自一九九七年起也正式推出了斯卡帕的專屬系列酒款。

TASTING Note

斯卡帕14年單一麥芽威士忌

700ml・40%

色澤	濃金黃色。
香氣	有著如汽水糖或青蘋果口味的口香糖般的夢幻香氣。
風味	如薄煎餅般微甜，滋味協調不突兀。能感受到麥芽餘韻與奶油般的撲鼻香氣。
整體印象	入喉後的滋味並不如聞起來的甘甜，風味與香氣之間有一定的差距。鹽味與辛辣味也摻雜其中。

DATA

製造廠商	亞蘭德酒廠（Aland Distillers）
創業年份	1885年
蒸 餾 器	直頭型
產　　地	Kirkwall, Orkney
	http://www.scapamalt.com/

LINE UP

斯卡帕16年（700ml・40%）

TALISKER

大力斯可

令人聯想波瀾萬丈的怒海狂濤，宛若「在舌尖上爆炸」般的強烈滋味

斯凱島為赫布里群島（Hebrides）中面積最大的島嶼，大力斯可蒸餾廠便位於岩塊遍布、地勢險峻的斯凱島西岸的哈伯特湖（Loch Harport）周邊。是島上唯一的蒸餾廠。如島上呈現出的荒涼嚴酷景致一般，該廠所製造出來的威士忌也同樣具有力道，被許多調酒師形容為「有著宛如要在舌尖上爆炸般的滋味」。含入口中時會感受到辛辣如胡椒般的滋味為其特色，入喉後能感到些微的甘味，但方才強烈的滋味仍會持續到尾韻為止，充滿力量的熾烈風味堪稱足以代表男性的麥芽威士忌。造酒用水取自蒸餾廠後方丘陵的地下水源，此溫度約為一四°C的水據說也是影響大力斯可煙燻風味的原因之一。熟成時選用的是重複使用多次的再生木桶（Refilled Cask）。蒸餾用的球型蒸餾器管線呈現O型，能夠使一部分的蒸餾液回流，此特殊的裝置也是創造出強烈風味的關鍵。

DATA

製造廠商	帝亞吉歐公司
創業年份	1830年
蒸 餾 器	球型、直頭型
產　　地	Carbost, Isle of Skye

http://www.discovering-distilleries.com/tailsker

LINE UP

大力斯可18年（750ml・45.8%）

TASTING Note

大力斯可10年單一麥芽威士忌

700ml・45.8%

色澤	略呈紅潤的金黃色。
香氣	海潮鹽味。也帶有蓮藕、苳草等植物以及土壤的芳香。
風味	煙燻風味加上辛辣滋味。入喉之前甜味也會在口中擴散開來。
整體印象	酒液中隱藏著海潮芳香與微甜的滋味，且甜味在入喉後也不會消散。

CLYNELISH

克里尼利基

融合海岸與高地的特質，辛辣口感與柔醇風味兼具的一品

沿著蘇格蘭本土北側繼續前行，便可抵達面對北海、以高爾夫與釣鮭魚聞名的休閒聖地布朗拉（Brora）。而克里尼利基蒸餾廠即位於此地。一八一九年，沙查蘭特公爵為操控當地農民所種植的穀類，並切斷農民對私釀蒸餾廠的穀類供給，於是建造了此蒸餾廠。克里尼利基在蘇格蘭東岸的麥芽威士忌中號稱是海岸風味最明顯的一款，辛辣味十足，滋味順暢而複雜多變，稍微加水後更能提出蘊藏在酒液中的芳醇香氣，是一款受到內行酒客鍾愛的麥芽威士忌。一九六七年，全新的蒸餾廠於蒸餾廠舊址旁落成，同樣也取名為克里尼利基蒸餾廠，而舊蒸餾廠則改名為普羅拉（普羅拉蒸餾廠於一九八三年結束營運，參照第164頁）。此酒款未經任何的泥煤煙燻作業，產量的百分之九十九均作為調和原酒使用，是約翰走路等知名酒款的主要原酒。

TASTING Note

克里尼利基14年單一麥芽威士忌

700ml・46%

色澤	略帶紅潤的金黃色。
香氣	如洋梨、櫻桃、蜂蜜般清爽不膩的清新甜味。酒精中含有如木材店的撲鼻沈香。
風味	像辣椒一樣有股幾乎要令舌頭麻痺般的嗆辣味，但尾韻卻有著如紅茶般的芳香。
整體印象	入口後隨著時間經過如同香草奶油般的甜味也會愈加明顯。

DATA

製造廠商	帝亞吉歐公司
創業年份	1819年（1967年）
蒸餾器	球型
產地	Brora, Sutherland

http://www.discovering-distilleries.com/clynelish

LINE UP

目前國內僅能購得正式代理的克里尼利基14年

大摩

濃稠而深沈穩厚的風味，與雪茄極為契合的餐後酒

大摩蒸餾廠位於蘇格蘭北高地區的阿爾卓斯鎮（Ardross），建於能夠眺望克羅瑪提灣（Cromarty Firth）絕景的高峻地區。這裡也是大麥的主要產地。酒瓶上的雄鹿標誌屬於該蒸餾廠於一八七四年起的八十年間的所有者邁克肯茲家族（Mackenzie）所有。昔日該家族曾有人在負傷雄鹿的襲擊下救出蘇格蘭王與亞歷山卓三世，蘇格蘭王為了表彰該家族的勇氣而授予此標誌。此酒款擁有豐潤奢華的口感與些微的煙燻香味，加上如柳橙般的薄淡甜味所構築而成的古典風味，極適合作為餐後酒飲用。另外，採用舊式單式蒸餾器也充滿復古風情，特別是再餾機的出口部分附有冷卻用的水套（Water Jacket），更使大摩的風格獨樹一幟。熟成時主要使用波本桶，但近期也有以雪莉桶進行後熟作業的製法。使用十二年～二十一年間的熟成麥芽威士忌釀成的「雪茄麥芽威士忌」（Cigar Malt）也相當具有人氣。

DATA

製造廠商	懷特馬凱烈酒集團（Whyte & MaCkay）
創業年份	1839年
蒸 餾 器	燈籠型、球型
產　　地	Alness, Ross-shire
	http://www.thedalmore.com/

LINE UP

大摩雪茄麥芽（750ml・43%）

大摩21年（750ml・43%）

TASTING Note

大摩12年單一麥芽威士忌

750ml・43%

香氣	近似白酒的辛辣味道中夾雜苦澀的香氣。近似麝香葡萄、檸檬汁等的香味。
風味	如柳橙果凍、無籽葡萄，另外具有如雞蛋糕般的香甜滋味。也近似酸味較強的咖啡。
整體印象	具有堅實而濃厚的風味，香氣、滋味與尾韻中均帶有葡萄般的味道。杯中的殘香則有起司的香味。

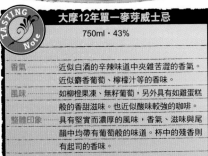

GLENMORANGIE

格蘭傑

令人聯想到花朵與柑橘的輕盈華麗，蘇格蘭當地人氣最高的麥芽威士忌

蒸餾廠位於愛爾蘭北部、從茵福尼斯（Inverness）向北前進約六十五公里的海岸邊的迪英鎮（Tain）上，創立於一八四三年。「Glenmorangie」在蓋爾語中代表的是「深邃靜謐的溪谷」。而此酒款正如其名，有著輕盈華麗、如花朵和柑橘般的香氣，以及淡雅細膩的滋味。在蘇格蘭當地更是人氣第一的麥芽威士忌，且所有成酒均以單一麥芽威士忌的形式販售，而不作為調和原酒使用。造酒用水取自沙岩丘陵的湧泉水，此流經石楠花與苜蓿田的泉水富含礦物質，是最適合釀造威士忌的硬水。此外，格蘭傑蒸餾廠的單式蒸餾器也是蘇格蘭當地管線最長的蒸餾器，因而能製出純淨的酒質。熟成用的木桶則堅持使用波本桶，而且是從美國密蘇里州買進原木後才進行製桶，並出租給波本酒業者。近來生產的各種風味桶威士忌（Wood Finish）也富有盛名。

TASTING Note

格蘭傑10年單一麥芽威士忌

750ml・43%

色澤	亮麗的金黃色。
香氣	成熟的水果香，如口香糖的甜味，和煦的陽光氣息等。有著近似香蕉的甘甜香氣。
風味	柔順細緻的滋味中蘊含著南國水果的熱帶風味。近似花蜜、肉桂餅乾。
整體印象	香氣、風味與尾韻均充滿獨特魅力，具備高級而優雅的形象。

DATA

製造廠商	格蘭傑酒廠
創業年份	1843年
蒸 餾 器	球型
產　　地	Tain, Ross-shire
	http://www.glenmorangie.com/

LINE UP

- 格蘭傑15年（700ml・43%）
- 格蘭傑18年（750ml・43%）
- 格蘭傑25年（700ml・43%）
- 格蘭傑換桶威士忌（雪莉桶、馬德拉桶、勃根地桶）（各為700ml・43%）

OLD PULTENEY

富特尼

擁有近似原油般厚重而黏膩的滋味，能令人感受到強勁潮風的「北方強者」

富特尼蒸餾廠位於蘇格蘭本島最北端、面對北海的港都威克鎮（Wick）上。蒸餾廠於一八二六年創設。由於當時鯡魚漁業正盛，政府為了建設漁業發展基地，也順便建立了該蒸餾廠。當時該蒸餾廠的員工多為漁夫，在景氣活絡的狀況下，這裡所產的酒也是許多漁夫的最愛。標籤上描繪著十九世紀的鯡魚漁船可說是當時的象徵。猶如此地充滿險峻岩石與強烈海風吹襲的特質一般，這裡所出產的威士忌擁有獨特的海洋香氣與潮味。既具有堅果風味又有水果香味，整體風味令人感覺複雜而濃厚。其蒸餾器為葫蘆型，與蒸氣導臂形成T型的特殊形狀，有人說這裡的威士忌之所以風味複雜或許跟蒸餾器也有關係。所使用的麥芽並不經過泥煤煙燻，且主要以波本桶再加上少數的雪莉桶加以熟成。

DATA

製造廠商	Inver House Distillers
創業年份	1826年
蒸餾器	球型（葫蘆型）
產地	Wick, Caithness
	http://www.oldpulteney.com/

TASTING Note

富特尼12年單一麥芽威士忌

700ml・40%

色澤	上等的烏龍茶色。
香氣	從近似泳池的氯氣開始逐漸轉變為花店草木般的香氣。另外有著杏仁與棗子般的水果芳香，辛辣香味也十分顯著。香氣帶有木質感。
風味	入喉後麥芽的滋味會化為尾韻在口中擴散。有著香辛料與月桂樹樹葉般的風味。
整體印象	如樹木般的沈香加上各式調味料般的綜合香氣與滋味，鹽味與甜味也會交相湧現。

THE GLENDRONACH

格蘭德羅納克

承襲傳統製法與對技術的堅持，呈現出潤暢豐富的絕妙滋味

蒸餾廠位於蘇格蘭高地區與斯佩塞特的邊界上，在德弗倫河（Deveron）流域中的翰得利村（Huntley）附近，並有德羅納克河（Dronach）橫跨。「Glendronach」在蓋爾語中意指「黑莓谷」，是當地農場主人詹姆斯．亞拉迪（James Allardes）於一八二六年所建立。蒸餾廠周圍有著被麥田與泥煤層覆蓋的丘陵、寬闊的牧場以及清冽的湧泉。而威士忌的製造也依循古法製造。事實上，直到最近他們所使用的蒸餾器都還是以石炭直火加熱，並逐步調整火勢小心蒸餾的。除了會進行地板發芽外，也會在窯中燃燒泥煤來為麥芽增添香氣。一直到二〇〇五年才改以蒸氣間接加熱，並改用訂購而來的無泥煤煙燻的麥芽。但是使用舊型的奧瑞崗松製木桶進行發酵以及其他製法並無改變。在此繁瑣細膩的程序下製成的麥芽威士忌，不僅帶有甘醇的水果香氣，還有著如太妃糖般甘甜及醇辣的風味。目前市面上的「格蘭德羅納克15年」為百分之百經雪莉桶熟成的珍貴酒款。

TASTING Note

格蘭德羅納克12年單一麥芽威士忌

700ml・40%

色澤	略偏綠的琥珀色。
香氣	帶有近似香草或感冒糖漿的味道，以及石油般的臭味與雪莉桶的香味。
風味	雪莉酒風味與奶油麵包般的滋味中夾雜著些許酸味。
整體印象	辛辣感十分強烈而明顯。看似微甜的色澤濃度與香氣比例使尾韻更顯清爽。

DATA

製造廠商	亞蘭德酒廠（Aland Distillers）
創業年份	1826年
蒸餾器	球型
產地	Forgue, near Huntly, Aberdeenshire
	http://www.theglendronach.com/

GLEN GARIOCH

威鹿

在古典美酒之中擁有至高評價，來自東部高地上最古老蒸餾廠的麥芽威士忌

蒸餾廠位於愛爾蘭東部的亞伯丁（Aberdeen）到班芙（Banff）之間的通聯道路上的舊梅爾德拉姆村（Old Meldrum）近郊。「Glen Garioch」在蓋爾語中代表的是「溪谷間的荒蕪土地」。字面上雖是如此解釋，但實際上，這一帶卻是有著「亞伯丁的糧倉」之名的優良大麥產地，且自古便已開始生產威士忌。威鹿創業於一七九七年，是蘇格蘭高地區最古老的蒸餾廠之一。蒸餾廠的酒匠們均出身當地，也繼承了自上一代流傳下來的技術與味覺。然而，在二百年的漫長時光中蒸餾廠的所有者不停地更換，到了一九七〇年時，威鹿蒸餾廠被波摩公司（今為三得利企業旗下產業）收購，並於一九九五年吹熄燈號，直到九七年才再度營運。這款自古以來便有著「古典高地醇酒」美稱的麥芽威士忌一直有著相當高的評價。具有適中的輕盈滋味與花朵般的香氣，加上堅果與藥草般的清新香味，而些微的煙燻風味更點綴出整體的魅力。

DATA

製造廠商	波摩公司
創業年份	1797年
蒸 餾 器	直頭型
產　　地	Old Meldrum, Aberdeenshire
	http://www.glengarioch.co.uk/

LINE UP

威鹿10年（700ml・43%）

威鹿15年（700ml・43%）

TASTING Note

威鹿12年單一麥芽威士忌

700ml・40%

色澤	近似橡皮糖的顏色。
香氣	帶有如木材沈香、香水、橘子般的香氣，另有著細粉感與塑膠般的氣味，及些微加工乳酪的香味。
風味	如油般的甜膩中夾雜著苦澀味。香草般的尾韻會在入喉後擴散。也帶有些許辣味。
整體印象	具有香水般的外觀，煙燻味較淡，帶些許苦澀。

ROYAL LOCHNAGAR

皇家藍勛

來自美麗山麓中的小型蒸餾廠，維多利亞女王鐘情的威士忌

從亞伯丁稍微朝內陸前進，聳立於迪河（River Dee）上游的洛赫納加山（Lochnagar）山麓處有個規模小卻保留傳統美麗外觀的蒸餾廠。「Lochnagar」在蓋爾語中指的是「岩層外露的湖泊」，據說接近山頂的湖泊名稱即是從山名衍生而來。此蒸餾廠初建於一八二六年，後遭祝融燒盡。後由當地的實業家約翰．貝克（John Baker）於一八四五年重建。三年後，維多利亞女王購入蒸餾廠旁的百慕羅（Balmoral）城作為避暑別墅。於是，貝克藉此良機呈上一封邀請函，希望女王能夠來蒸餾廠參觀，想不到就在信送出的隔天，女王一家竟然親自造訪蒸餾廠。而喜歡上蒸餾廠的女王伉儷回城後便發出皇家敕狀，冊封此蒸餾廠為「王室御用」蒸餾廠，此後該蒸餾廠便冠上了皇家之名。其用於蒸餾的單式蒸餾器僅有兩組，分別用於初餾與再餾。規模雖不算大，但所生產的威士忌口感柔暢且果香滿溢，香味之間的平衡度也相當卓越。「皇家藍勛Selected Reserve」更是擁有豐潤滋味的頂級酒款。

TASTING Note

皇家藍勛Selected Reserve

750ml・43%（12年）

色澤	金黃色。
香氣	如蘇打水般清爽的香氣與樹木的沈香。
風味	清爽滑順而易於入喉。帶有如蜂蜜、巧克力般的滋味與麥芽的風味。
整體印象	加水稀釋後，如薄荷般的清新滋味會更加顯著。微辣。

DATA

製造廠商	帝亞吉歐公司
創業年份	1845年
蒸餾器	球型
產地	Crathie, Ballater, Aberdeenshire

http://www.discovering-distilleries.com/royallochnagar

EDRADOUR

艾德多爾

來自規模最小的蒸餾廠，完全以手工精心製造的麥芽威士忌

艾德多爾蒸餾廠位於蘇格蘭伯斯州（Perthshire）的度假勝地皮特洛奇（Pitlochry）附近山壑間的小村落中。是當地農夫共同向阿索魯公爵租借領地於一八二五年建成。創立至今設備與製法幾乎不曾有過改變，仍然保有早期造酒的濃厚色彩。單式蒸餾器僅包含一組初餾爐與再餾爐，且再餾爐僅有兩公尺高。每星期僅能提供十二桶的產量，可說是蘇格蘭當地規模最小的蒸餾廠。其生產的威士忌有著蜂蜜般的香氣與奶油般的香醇滋味，然而，近幾年卻也多了如化妝品般的人工香氣，而使酒質稍微缺少平衡感。直到二〇〇二年時，聖弗力（Signatory）公司從保樂力加公司（Pernod-Ricard）手中買下蒸餾廠，隨著經營權轉移至開發出拉弗格等著名酒款的伊安・韓德森公司（Iain Henderson）手上，該蒸餾廠也開始嘗試使用許多特色獨具的麥芽原酒製造威士忌，使其今後的發展更倍受期待。

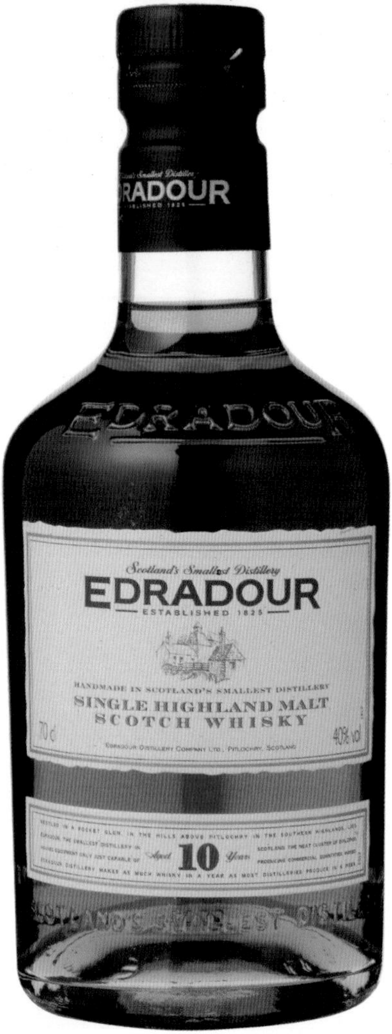

DATA

製造廠商	聖弗力公司（Signatory）
創業年份	1825年
蒸 餾 器	直頭型、球型
產　　地	Pitlochry, Perthshire
	http://www.edradour.co.uk/

LINE UP

- 艾德多爾Unchillfiltered 1995（700ml・46%）
- 艾德多爾Straight from the Cask 1994（700ml・58.9%）
- 艾德多爾單桶原酒1991（700ml・57.2%）

TASTING Note

艾德多爾10年單一麥芽威士忌

700ml・43%

色澤	帶有明顯的紅色，近似較濃的紅茶色。
香氣	如年輪蛋糕般的人工甘甜香氣，以及近似化妝品或藥品般的臭味。
風味	接近蠟筆、蚊帳的氣味加上奶油霜的滋味。另外帶有些微的乳臭味。
整體印象	滋味偏濃且十分厚重，有著如同化妝品般的人工香味。

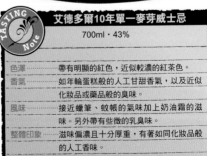

GLENGOYNE

格蘭哥尼

麥芽絕不添加焚燒泥煤的香氣，柔軟而清爽的口感與日本料理十分契合

蒸餾廠位於格拉斯哥（Glasgow）向北前進約二十公里的山中，且正好就位在蘇格蘭高地區與低地區的分界線上。創於一八三三年。過去由於位於達姆哥尼（Dumgoyne）丘陵的山麓處，因此也有達姆哥尼的舊稱。而現在的名稱「Glengoyne」在蓋爾語中則是「打鐵店之谷」的意思。蒸餾廠規模雖小，但腹地景觀卻相當美麗，流經腹地的小河集結成一道瀑布，也提供了蒸餾廠最佳的造酒用水。格蘭哥尼最大的特色在於麥芽完全不經煙燻作業，讓人能品嚐到最純粹的麥芽風味。清爽圓潤的口感使其極適合搭配日本料理，是款品質遠超出其知名度的醇酒。在纖細的滋味中蘊含著堅果般的甜味與水果芳香。格蘭哥尼蒸餾廠於二〇〇三年四月被調和式威士忌的廠商Ian McLeod公司收購。

TASTING Note

格蘭哥尼10年單一麥芽威士忌

700ml・40%

色澤	琥珀色。
香氣	有著花蜜般的香味，近似肉桂等藥草類的香氣，帶點腰果香味與明顯的酒精味。
風味	蜂蜜、香草、些許薄荷腦般的風味。屬於正統派的麥芽威士忌，不帶苦味，即使是女性也可輕鬆飲用。
整體印象	雖然未經煙燻卻有著深沈溫厚的滋味，回醇的滋味令人百喝不厭。

DATA

製造廠商	Ian McLeod
創業年份	1833年
蒸餾器	球型
產地	Dumgoyne, Stirlingshire
	http://www.glengoyne.com/

LINE UP

格蘭哥尼17年（700ml・43%）
格蘭哥尼21年（700ml・43%）

GLENTURRET

格蘭杜雷特

以少量生產的麥芽威士忌精製，蘇格蘭最古老蒸餾廠的作品

格蘭杜雷特蒸餾廠位於蘇格蘭南部高地的伯斯州克里夫鎮（Crief）郊外，創立於一七七五年，不過，當地自一七一七年開始便已有生產威士忌的紀錄，而此處號稱是蘇格蘭最古老的蒸餾廠。過去曾以所在的村莊名稱命名為波修（Hosh）蒸餾廠，直至十九世紀後半才更名為格蘭杜雷特。蒸餾廠於一九二一年至五十九年的四十年間曾一度關閉，然而，在對威士忌情有獨鍾的狂熱收藏家詹姆士菲利（James Fairlie）的努力之下得以復活，他在接手蒸餾廠後便迅速為蒸餾廠設立了展覽中心，然而，這一次廠內設備的完備程度已不可同日而語，聞名而來的觀光客也跟著大幅成長。現在每年約有二十萬人次的觀光客來訪。由於此蒸餾廠規模較小，單式蒸餾器也僅有兩組，因此產品以單一麥芽威士忌為大宗。此酒款均有著柔醇的香氣，酒質偏油性且具有豐富的果香，是能令飲用者感受到純正麥芽風味的優質好酒。

DATA

製造廠商	愛丁頓集團（The Edrington Group）
創業年份	1755年
蒸 餾 器	球型
產　　地	The Hosh, Crieff, Perthshire
	http://www.famousgrouse.co.uk/

TASTING Note

格蘭雷特12年單一麥芽威士忌

700ml・40%

色澤	亮麗的金黃色。
香氣	有著剛烤好的玉米香氣，及牛奶巧克力與香草般的甜膩香味。
風味	微鹹的滋味會殘留在舌尖，另外還帶有些許的泥臭味。
整體印象	清爽醇順，大部分的味道均會在入喉後消散。

OBAN

歐本

集結蘇格蘭高地與島嶼區之精華技術，散發古典風味的高品質麥芽威士忌

「Oban」在蓋爾語中有「小型港灣」之意，而實際上，歐本蒸餾廠即位在通往赫布里登群島（Hebrides）的入口處，也就是今日西部高地的中心。與其他蒸餾廠的經營方式相悖，歐本蒸餾廠位於熱鬧非凡的市鎮中。設立年份為一七九四年，是由當地的企業家史蒂文森（Stevenson）兄弟所規劃建造。該蒸餾廠於一八九〇年代進行整修工程後，便一直維持改裝後的模樣直至今日。蒸餾廠的規模不大，所使用的蒸餾器是稱為「Small Still」（意指小型蒸餾器）的燈籠型蒸餾器。在上述環境條件下搭配單式蒸餾器所創造出的歐本威士忌，不僅擁有蘇格蘭高地區特有的穩實酒質，還具備島嶼區威士忌的特色。滋味雖較為單純卻具備沈靜的古典風味，鮮明的泥煤與海潮香味更襯托出其酒質與衆不同的酒質。是款足以讓酒客神遊其中的威士忌。

TASTING Note

歐本14年單一麥芽威士忌

750ml・43%

色澤	濃金黃色。
香氣	帶有蘋果皮以及楓糖與麥芽的香氣，整體香味十分和諧。
風味	較為清淡，類似尚未成熟的鳳梨，夾雜些許胡椒般的微辣。淡淡的鹽味會殘留到最後。
整體印象	香氣與甜味相當持久而令人陶醉。溫和的水果香氣與麥芽使甜味表現極為平衡。

DATA

製造廠商	帝亞吉歐公司
創業年份	1794年
蒸 餾 器	燈籠型
產 地	Oban, Argyll

http://www.discovering-distilleries.com/oban

BEN NEVIS

本尼維斯

在蘇格蘭最高峻的山峰之中，由尼卡威士忌所創造的麥芽威士忌絕品

創於一八二五年的本尼維斯蒸餾廠，是西部高地與尼斯湖地區（Fort William）中歷史最悠久的政府認可蒸餾廠。本尼維斯（Ben Rinnes Hills）是聳立於蒸餾廠後方的蘇格蘭最高峰的名字，在蓋爾語中「Ben」指的是「山」，「Nevis」則是「水」之意。此蒸餾廠的創立者是在調和式威士忌界赫赫有名的「Long John」（本名為John McDonald）。但自一九二〇年後幾經易手，到了一九八三年時終究無法避免停止營運的命運。而賦予其重生轉機的則是尼卡威士忌企業，該公司於一九八九年收購此酒廠，並立刻於隔年再度展開生產作業。造酒用水是取用源自山頂湖泊的奧多納巴林河的（Allt áMhullin）冷冽清水，從石楠花遍布的山間潺流而下的河水，能夠賦予麥芽石楠花香氣與蜂蜜般的甘甜，此外，威士忌中還有著橘子果醬般的淡雅香氣，以及若有似無的苦澀味，充滿獨創個性的滋味十分值得玩味。

DATA

製造廠商	本尼維斯酒廠（Ben Nevis）
創業年份	1825年
蒸 餾 器	直頭型
產　　地	Fort William, Inverness-shire
	http://www.bennevisdistillery.com/

TASTING Note

本尼維斯10年單一麥芽威士忌

700ml・43%

色澤	明亮的金黃色。
香氣	青蘋果般的果香中夾雜著泥巴味。有如塵埃般的麵粉香氣穿插其中。
風味	香草、南國水果、麝香葡萄等水果風味。有著兩種以上的水果香氣，以及如同水果蛋糕般的滋味。
整體印象	帶有熟成庫房中的木材沈香，是款甘醇甜美、形象優雅的高級威士忌。

ABERLOUR

亞伯樂

在法國擁有極高人氣的麥芽威士忌，豐富甘醇的香氣間有著絕佳的平衡度

蒸餾廠大約位於斯佩塞特中央，是座沿著拉瓦河（Lour Burn）河岸建造的維多利亞建築，全名為亞伯樂格蘭利威蒸餾廠（Aberlour Glenlivet Distillery）。「Aberlour」在蓋爾語中意指「潺潺小溪的溪口」。於私釀時期（一八二六年）便已開始營運，而官方承認的正式營運時間則在一八七九年。目前的蒸餾廠則是經歷一八九八年的火災後重新興建的。造酒原料僅使用蘇格蘭產的大麥，並搭配本尼維斯山的湧泉。熟成作業上會平均使用雪莉桶與波本桶，藉以創造出獨具特色的滋味。亞伯樂威士忌具有萊姆葡萄與香草般的芳醇香氣及柔順豐潤的滋味，因近似斯佩塞特麥芽威士忌而廣獲好評。蒸餾廠自一九七四年後併入起瓦士公司旗下。此酒款在法國也擁有極高的人氣，也曾在國際紅酒與蒸餾酒大賽中六度獲得金牌的殊榮。

TASTING Note

亞伯樂10年單一麥芽威士忌

750ml・43%

色澤	大吉嶺紅茶色。
香氣	輕淡的香草、萊姆葡萄香。另帶有些許來自於雪莉桶的輕油香氣。
風味	滋味滑順柔醇，具有十年以上的熟成感。另有著細粉般的口感。
整體印象	香草香水般的輕淡香氣綿延而持久，能夠輕鬆地持續飲用的麥芽威士忌。

DATA

製造廠商	起瓦士兄弟公司（Chivas Brothers）
創業年份	1826年（1879年）
蒸餾器	直頭型
產地	Aberlour, Banffshire http://www.aberlour.co.uk/

LINE UP

亞伯樂15年（700ml・40%）

THE BALVENIE

百富

為格蘭菲迪的姊妹款，濃醇而豐潤的麥芽威士忌滋味獨樹一幟

百富蒸餾廠位於擁有八所蒸餾廠的斯佩塞特中、有著威士忌鎮之稱而聲名遠播的達夫鎮（Dufftown）上，也是知名威士忌品牌格蘭菲迪的姊妹蒸餾廠，是創立者威廉·格蘭（William Grant）於一八八七年創立了格蘭菲迪蒸餾廠後，經過五年再創立的蒸餾廠。兩蒸餾廠的腹地相互連接，但所使用的水源並不相同，百富蒸餾廠使用的是來自康伯魯丘陵（Convalle）的湧泉，其水質是硬度偏高的硬水。另外，兩蒸餾廠製出的酒質也大相逕庭。格蘭菲迪屬清新輕盈的易飲酒款，而百富則是滋味厚重濃醇的麥芽威士忌。其外觀有著美麗的金黃色，且擁有如蜂蜜及柳橙般的濃厚風味。原料麥芽有一部分是經由地板發芽的輕泥煤麥芽。對於熟成木桶的選擇也相當堅持，基本上均使用波本桶熟成，但也會活用各種木桶來為威士忌增添迥異的風味。經波本桶儲藏後，再裝入雪莉桶熟成的「百富雙酒桶12年」等酒款均具有多元特色。

DATA

製造廠商	格蘭父子洋酒股份有限公司（William Grant & Sons）
創業年份	1892年
蒸餾器	球型
產地	Dufftown, Banffshire
	http://www.thebalvenie.com/

LINE UP

百富單一酒桶15年（700ml·47%）

百富波本桶21年（700ml·40%）

TASTING Note

百富雙酒桶12年

700ml·40%

色澤	琥珀色。
香氣	近似洋梨與蘋果。另有著如胡椒粉般的輕微辣味。開瓶一段時間後會溢散出如燙過的綠蘆筍般的香氣。
風味	接近美洲櫻桃或上等的烏龍茶。
整體印象	甜度與辛辣度間有著良好的平衡，飲用時不易生膩。尾韻則偏辣味。

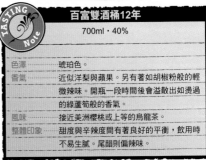

CARDHU
卡杜

採用製造約翰走路的麥芽原酒，奢華醇潤的滋味令酒客徜徉神往

「Cardhu」在蓋爾語中意指「黑色岩石」。蒸餾廠位於斯佩河流域的曼洛克摩（Mannochmore）丘陵上。創於一八一一年，因約翰．康明格（John Cumming）將私釀當成農閒期間的副業而開始製造威士忌。後來在一八二四年時，該蒸餾廠獲得了政府的認可而正式開始對外營運。卡杜蒸餾廠的發展歷史上共有兩位值得讚許的女性參與。其中一位是令當地私釀商仰慕不已的女中酒傑海倫（Helen，為康明格之妻），另一位則是在康明格死後繼承蒸餾廠事業的伊莉莎白（Elizabeth，為康明格的媳婦）。在後者接管後，卡杜蒸餾廠的發展突飛猛進，並廣受各界矚目，在一八九三年為John Walker & Sons企業收購。時至今日，卡杜仍是頂尖品牌約翰走路的主要原酒之一。其滋味較為輕淡，具有微甜而高雅的圓融口感，而尾韻則帶有適中的辣味。然而，由於今日市面上已有與其同名的調和式麥芽威士忌，因此卡杜單一麥芽威士忌至二〇〇三年便宣告停產。

TASTING Note

卡杜12年單一麥芽威士忌

700ml・40%

色澤	微淡的金黃色。
香氣	近似梨子與蘋果，開瓶放置一陣後會溢散出如同草莓果醬的香氣與些許的酸味。清爽而具有豐富的果香。
風味	類似蘋果、香草、食鹽、麥芽。微辣的滋味會逐漸浮現。
整體印象	除了甜度適中外，豐潤的整體滋味均會在口中適度擴散。稍微加水可提升其甜味。

DATA

製造廠商	帝亞吉歐公司
創業年份	1824年（1811年）
蒸餾器	直頭型
產地	Knockando, Morayshire

http://www.discovering-distilleries.com/cardow

LINE UP

卡杜12年單一麥芽威士忌在市面上已無販售

克萊根摩

主打複雜多變的香氣與滋味，集斯佩塞特的魅力於一身的品牌

蒸餾廠位於斯佩河（Spey）中游的巴林坦洛（Ballindalloch）鎮，面對克萊根摩丘陵而建。「Cragganmore」在蓋爾語中指的是「突出的巨大岩丘」。此蒸餾廠創於一八六九年，當時三十六歲的創立者約翰・史密斯（John Smith）曾在麥卡倫（Macallan）與朗摩恩（Longmorn）兩知名蒸餾廠擔任所長，並以建造一間理想中的蒸餾廠為目標，在費心探訪下終於找到了這塊土地。他將蒸餾廠設於此處的一大理由，便是因為此處的水源堪稱是名水中的名水，而產自此地的酒不僅帶有豐富而細緻的花香，柔醇而飽實的滋味更為其添加了絕妙的平衡。帝亞吉歐公司也將此品牌選入古典麥芽威士忌系列，並將其視為斯佩塞特的代表威士忌。約翰・史密斯構思出上層平坦且擁有T字型蒸餾口的單式蒸餾器，相當具有特色，其特殊造型正是造就那複雜細緻香味的祕密所在。為老伯威士忌（Old Parr）的主要原酒之一。

DATA

製造廠商	帝亞吉歐公司
創業年份	1869年
蒸餾器	燈籠型、球型（T字型）
產地	Ballindalloch, Banffshire

http://www.discovering-distilleries.com/cragganmore

TASTING Note

克萊根摩12年單一麥芽威士忌

750ml・40%

色澤	偏黃的金色（相當稀淡）。
香氣	如口味清淡的柑橘類水果或桃李所散發的的微酸香氣，還有些許的薄荷腦氣味及帶點微妙苦味的木桶沈香。
風味	溫醇順口，甜味在入口後會逐漸浮現。如發酵麵包般的口感中夾帶些許粉末感。
整體印象	從入口到入喉之間均能保有溫醇順口的易飲口感。

GLENFARCLAS

格蘭花格

以雪莉桶熟成所得的濃郁芳醇，正是奢侈豐潤的頂級麥芽象徵

「Glenfarclas」在蓋爾語中意味著「綠茵遍布的谷壑」。位於斯佩河中游的蒸餾廠正如其名，居高臨下的地理位置在正面能夠眺望斯佩河河谷，而背面則有被石楠花覆蓋的寬闊丘陵面對著本尼維斯山，而從山上引入的泉水是水質極佳的軟水。格蘭花格蒸餾廠創於一八三六年，自一八六五年以後則為J. & G. Grant酒廠所有。是少數能由創立者家族持續經營的蒸餾廠之一。經雪莉桶熟成的酒質圓潤醇熟，可謂足與麥卡倫威士忌並駕齊驅的頂級麥芽威士忌之一。深濃的琥珀色加上豐富的雪莉桶風味，以及一絲不苟的煙燻風味都能令味蕾得到充分的滿足。濃厚的整體滋味中仍不乏適度的辛辣味。另外，格蘭花格蒸餾廠擁有斯佩塞特最大型的單式蒸餾器，蒸餾時也是透過瓦斯鍋爐進行直火蒸餾。

TASTING Note

格蘭花格15年單一麥芽威士忌

700ml・46%（10年）

色澤	大吉嶺紅茶色。
香氣	開瓶時會有如接著劑般的刺鼻香氣撲來，但很快便會消失。酒液有著如蒙布朗蛋糕、蜂蜜、桃子、香味較濃的水果等香氣。
風味	如卡士達奶油、芒果、帶著些微木材般的苦澀滋味。有著適度的甜味，放置一段時間後會產生如同咖啡般的風味。
整體印象	比麥卡倫威士忌更輕盈易飲且滋味豐潤，更適合作為品嚐雪莉桶熟成威士忌的入門酒款。

DATA

製造廠商	J&G格蘭酒廠（J. & G. Grant）
創業年份	1836年
蒸餾器	球型
產地	Ballindalloch, Banffshire
	http://www.glenfarclas.co.uk/

LINE UP

格蘭花格10年（700ml・40%）
格蘭花格12年（700ml・43%）
格蘭花格17年（700ml・43%）
格蘭花格21年（700ml・43%）
格蘭花格25年（700ml・43%）
格蘭花格30年（700ml・43%）
格蘭花格105（700ml・60%）

GLENFIDDICH

格蘭菲迪

以單一純麥威士忌的先驅打響名號，當前世界最受歡迎的麥芽威士忌

蒸餾廠位於斯佩塞特的達夫鎮，即達蘭河（River Dullan）與菲迪河（River Fiddich）交會處。格蘭菲迪在蓋爾語中是「鹿谷」之意。蒸餾廠創立者威廉・格蘭（William Grant）在莫特拉克（Mortlach）蒸餾廠服務廿年後，集全家族之力，於一八八七年創建了第一間自己的蒸餾廠。此後該蒸餾廠便由格蘭家族持續經營至今。目前格蘭菲迪蒸餾廠的威士忌銷售量約占全球市場的百分之十五，是全世界最受歡迎的單一麥芽威士忌。從一九六〇年起，該公司也陸續推出更多單一麥芽威士忌的全新酒款，也都獲得了廣大的迴響。起初滋味輕盈、色澤淡雅的威士忌幾乎不被任何同業看好，卻成功打入全球市場。其製法依循傳統，使用與過去相同的小型單式蒸餾器，透過直火燃燒的方式小心地進行蒸餾。另外，裝瓶設備數量較少，是家堅持一貫作業方式與流程的傳統蒸餾廠。

DATA

製造廠商	格蘭父子洋酒股份有限公司（William Grant & Sons）
創業年份	1887年
蒸餾器	直頭型、球型、燈籠型
產地	Dufftown, Banffshire
	http://www.glenfiddich.com/

LINE UP

- 格蘭菲迪15年Solera Reserve（700ml・40%）
- 格蘭菲迪18年Ancient Reserve（700ml・40%）
- 格蘭菲迪30年（700ml・40%）

TASTING Note

格蘭菲迪12年Special Reserve

700ml・40%

香氣	帶有高級的微甜香氣。如同竹林與麥芽般的氣味也會間續地溢散而出。
風味	如薄荷、小麥般的輕盈滋味，淡雅易飲，有著不會令人感到尚未熟成的適度青澀感。另有些許酸味。
整體印象	大麥與麥芽的滋味厚實，如能像是細細咀嚼般地啜飲，就能更明顯地感受其中滋味。

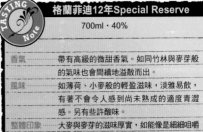

GLEN GRANT

格蘭冠

清爽口感搭配辛辣的滋味與水果風味，在義大利擁有不墜的人氣

格蘭冠單一麥芽威士忌為全球銷售量第五名的人氣威士忌。該蒸餾廠為格蘭兄弟詹姆斯與約翰（James and John Grant）在一八四〇年於斯佩河下游的羅聖斯鎮（Rothes）創立。為了生產出品質優良的威士忌而經過改良的單式蒸餾器有著細直而高聳的特殊形狀，蒸氣導臂上還附有精餾器，因而可去除掉雜味與濃厚的味道，而製出淡而純淨的味道。造酒用水取自格蘭冠河，使用此河水能賦予威士忌純粹的果香風味，此外，還兼具堅果風味與藥草般的淡雅口感與清爽的辣味。事實上，作為單一麥芽威士忌先驅並在全球鋪售的正是此款格蘭冠威士忌。

TASTING Note

格蘭冠單一麥芽威士忌

700ml・40%（5年）

色澤	顏色極淡，接近檸檬水。
香氣	如小麥、玉米片，以及些許香草香氣，類似消毒水或是生髮水的氣味。
風味	輕盈淡雅而易於入喉，適於搭配餐點飲用。加水後也可搭配壽司等日式料理。
整體印象	透過雪莉桶長期熟成而成為易飲的餐後酒。但近五年來的格蘭冠偏向清淡，即使純飲也不會感到滋味過於強烈。

DATA

製造廠商	起瓦士兄弟公司
創業年份	1840年
蒸餾器	球型（改良型）
產地	Rothes, Morayahire

THE GLENLIVET

格蘭利威

如花朵般優雅潔淨，政府認可的蒸餾廠所生產的第一紅牌美酒

「Glenlivet」在蓋爾語中是「寂靜的深谷」之意。蒸餾廠位於斯佩河支流利維河（Livet）的河谷間，此處是標高二百七十公尺以上的深山區，是處擁有清涼空氣與良質清水，加上豐富的泥煤層圍繞的谷壑。此蒸餾廠由原是私釀廠管理者的喬治・史密斯（George Smith）建立，而格蘭利威在他所製造的威士忌中則擁有最高的評價。一八二四年，隨著酒稅法規定放寬，此處也成為政府正式認可的第一間蒸餾廠，而他雖然遭到私釀同業唾棄，卻確實地為蒸餾廠打響了名號。然而，格蘭利威的成功也使得許多同名蒸餾廠如雨後春筍般冒出，迫使史密斯不得不訴諸法律途徑解決。最後裁定原格蘭利威蒸餾廠可在品牌前加上定冠詞「The」，而成了今日衆所周知的名稱。其酒液中有著如花朵與水果般的優雅香氣，滋味細緻清爽，有著銳利易辨的口感，整體風味醇美而深奧。所使用的水源則是從蒸餾廠後方湧出的富含礦物質的硬水。

DATA

製造廠商	起瓦士兄弟公司
創業年份	1824年
蒸餾器	燈籠型
產地	Minmore, Ballindalloch, Banffshire
	http://www.theglenlivet.com/

LINE UP

格蘭利威15年（700ml・40%）
格蘭利威18年（700ml・43%）
格蘭利威21年（700ml・43%）

TASTING Note

格蘭利威12年單一麥芽威士忌

700ml・40%

色澤	淡金黃色。
香氣	如青蘋果、清淡的青草香，整體香氣也帶給人「青綠」的印象。
風味	接近青蘋果、蜂蜜、牛奶巧克力、香草等，另具有少許的苦味。
整體印象	酒質透明清淡，稍微加水便可能破壞酒質的平衡，建議純飲為佳。

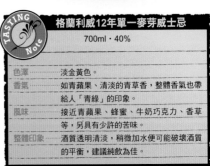

GLENROTHES

格蘭露斯

滑潤辛辣的口感加上水果芳香，令調酒師難以抗拒的醇酒

位於斯佩塞特中心的小鎮羅聖斯中（Rothes）共有五間蒸餾廠，而格蘭露斯蒸餾廠即位於斯佩河支流羅聖斯河的河畔處。創立於一八七八年，由於經營者不斷更換，使得蒸餾廠的營運一度陷入困境，但其生產的威士忌在調酒師的評價中堪稱斯佩塞特的「最高等級」。販售此酒款的Berry Bros & Rudd公司是家設於倫敦的紅酒與蒸餾酒老字號廠商，順風威士忌（Cutty Sark）也是該公司的獨創酒款。格蘭露斯威士忌的酒液是沈穩的金黃色，滋味甘醇而富果香與辣味。穩實綿延的尾韻更使其成為羅聖斯的代表酒款。僅選取熟成至極致的原酒進行裝瓶，且每瓶酒的瓶身上均會一一清楚標明蒸餾日與裝瓶年份，另外親手書寫的品質鑑定標籤也是其獨創特徵。

TASTING Note

格蘭露斯1992年份單一麥芽威士忌

700ml・43%（1987）

色澤	琥珀色。
香氣	如生薑、香草、杏仁、木屑、柳橙糖般的香味。
風味	辛辣而有著橙酒般的滋味（略帶苦味）。隨著入口後的時間增長，味道也會漸趨圓融甘甜，其甜味屬於清爽風味。
整體印象	尾韻雖帶有辣味，卻意外地清爽易飲。

DATA

製造廠商	愛丁頓酒業集團
創業年份	1878年
蒸餾器	球型
產　　地	Rothes, Morayshire
	http://www.glenrotheswhisky.com/

LINE UP

- 格蘭露斯Selection Reserve（700ml・43%）
- 格蘭露斯1991（700ml・43%）
- 格蘭露斯1985（700ml・43%）
- 格蘭露斯1973（700ml・43%）

INCHGOWER

鷹馳高爾

從甜味轉至微辣的海鹽味，來自異色之海的斯佩塞特麥芽威士忌

從斯佩河河口往東移動數公里，便抵達古色古香的港町巴基鎮（Buckie）。從該鎮向下眺望，可見到位於高台上的鷹馳高爾蒸餾廠。其為斯佩塞特中唯一臨海的蒸餾廠。「Inchgower」在蓋爾語中意指「河畔的山羊放牧地」。在此得天獨厚的環境中製造的麥芽威士忌除了具有甘醇風味與巧克力般的香氣外，還有著強烈辛辣的海鹽風味。在斯佩塞特威士忌中堪稱具有獨特風格及複雜多變的口感與滋味的銘酒。鷹馳高爾蒸餾廠以承繼前一蒸餾廠的形式，於一八二四年由亞歷山大・威爾森（Alexander Wilson）創立，直到一八七一年才遷移到現在的位置。其外觀完整地保留了十九世紀維多利亞王朝的風貌，直到二十世紀初它都將麥芽與蒸餾液供應給隔壁的農場作為飼料，飼養了不少的牛、豬與羊，是個兼具蒸餾廠與牧廠的特殊地方。製造威士忌所使用的水主要來自於蒸餾廠後方梅達夫丘陵（Menduff Hills）的泉水，並具備大型的熟成庫房。其特色鮮明的酒質常令人在海邊散步過後忍不住來上一杯。

DATA

製造廠商	帝亞吉歐公司
創業年份	1824（1871年）
蒸 餾 器	直頭型
產　　地	Buckie, Banffshire

TASTING Note

鷹馳高爾14年單一麥芽威士忌（UDV公司・花與動物系列）

700ml・43%

色澤	金黃色。
香氣	如檸檬汁、枯木等偏向植物性的香氣。另帶花生或塑膠的氣味。
風味	辛辣。辣味近似於七味粉。同時也有著海鹽般的鹹味。
整體印象	以愛好者為主要客層的酒款。尾韻較淡，但特色鮮明。

KNOCKANDO

諾康杜

堅持選用完全熟成的麥芽威士忌 創造出高雅絕妙的豐醇滋味

諾康杜蒸餾廠建於斯佩河中游一處能眺望斯佩河的丘陵上。「Knockando」在蓋爾語中指的是「黑色小丘陵」之意。為阿爾金（Elgin）當地酒商湯姆森（John Tytler Thomson）於一八九八年所創立。後來被IDV（今帝亞吉歐公司）收購，成為該公司的主要酒款之一。但實際上，此蒸餾廠多是由IDV旗下生產調和式威士忌的Justerini & Brooks公司接管，諾康杜威士忌也成為該公司的主要原酒。此外，在一九七〇到八〇年代，該公司傾注全力將生產的單一麥芽威士忌輸出至各國。在帶著泥煤香氣與木桶沈香的輕盈風味之中，有著如莓果般的雅緻芳香及順滑柔醇的口感。熟成時間越長滋味則愈顯複雜豐富。造酒用水是來自於卡德納克（Cardnach）的泉水，此水是由花崗岩湧出並流經泥煤層的優質良水。另外，諾康杜威士忌的瓶身上均明確標示著蒸餾年份，且至少需經過十二年以上的熟成方能裝瓶販售。

TASTING Note

諾康杜12年單一麥芽威士忌1992年份

700ml・43%

色澤	亮麗的琥珀色。
香氣	有著如金平糖、棉花糖、砂糖般細緻綿密的微甜香氣，另帶有如薄煎餅般的香味。
風味	偏甜，入喉前會有著如奶油般的滋味在口中擴散。但舌頭並不容易感受得到。
整體印象	短暫出現的多種甜味會在入喉前消失。有著甘甜的香氣與順暢的口感。

DATA

製造廠商	帝亞吉歐公司
創業年份	1898年
蒸 餾 器	燈籠型、球型
產　　地	Knockando, Morayshire

LINKWOOD

林可伍德
（另譯蘭可）

以每年均會來報到的白鳥作為象徵，帶有花朵般香氣的甘醇美酒

位於羅西河（River Lossie）河畔的阿爾金（Elgin）周圍共有十間以上的蒸餾廠，且裝瓶業的龍頭GM公司的主要據點也位於此處。林可伍德蒸餾廠則位於阿爾金南方。其名稱是取自於當地某間貴族別墅之名，蒸餾廠為當地名人彼得・布朗（Peter Brown）於一八二一年所創立。蒸餾廠內儲蓄冷卻用水的蓄水池常會有各式各樣的鳥類聚集，其中有種白鳥每年均會準時報到，於是蒸餾廠便將其模樣繪於瓶身標籤上，後來此圖案便成了林可伍德威士忌的象徵。酒液飄散著玫瑰般的花草香氣，是款滋味圓潤易飲的甘醇佳酒。由於其成分中百分之九十九均是調和而成，因此知名度並不如其他威士忌，但從以前便在調酒師間有著「最高級的麥芽威士忌之一」的美名。恆久不變的滋味也使得此酒款能持續受到注目。目前蒸餾廠為帝亞吉歐公司所有。

DATA

製造廠商	帝亞吉歐公司
創業年份	1821年
蒸餾器	直頭型
產地	Elgin, Morayshire

TASTING Note

林可伍德12年單一麥芽威士忌（UDV公司・花與動物系列）

700ml・43%

色澤	金黃色。
香氣	帶有麥芽的清爽芳香以及花草般的植物香氣。
風味	衝擊性不強，甜味會緩慢地暈散開來，另有著些許的煙燻風味。
整體印象	由專門裝瓶的公司代為裝瓶的情況較多。明顯的木桶風味與堅果滋味也容易勾起酒客的玩心。

LONGMORN

朗摩恩

多重的果實滋味加上辛辣難抑的尾韻，最適合作為餐前威士忌的行家最愛

蒸餾廠位於阿爾金鎮朝南方的羅聖斯鎮前進數公里的位置上。「Longmorn」在蓋爾語中指的是「聖人之地」。朗摩恩蒸餾廠與鄰近的班瑞克（Benriach）蒸餾廠同為約翰・達夫（John Duff）於一八九三年所創立。在當時的蒸餾廠創建潮中，朗摩恩的知名度雖較低，但在調酒師間風評卻不輸麥卡倫及格蘭利威。包括香草及葡萄乾等成熟水果的豐潤芳香，以及鮮明的水果風味和綿長的辛辣尾韻均足以打動人心，是深諳飲酒之道的人不會錯過的餐前酒。製法相當傳統，直到一九九三年為止，他們都在鄰近的班瑞克蒸餾廠使用泥煤燻製的麥芽，並以石炭直火加熱來進行蒸餾。朗摩恩蒸餾廠為尼卡（Nikka）威士忌的創業者竹鶴政孝曾親自前往學習的蒸餾廠之一，而尼卡威士忌所使用的單式蒸餾器也與其有幾分相似之處。

TASTING Note

朗摩恩15年單一麥芽威士忌

700ml・45%

色澤	近似麥茶般的琥珀色。
香氣	如青蘋果、接著劑、蘇打、香草的氣味，以及成熟的奇異果等各種水果香氣。
風味	入喉後如同泡芙般的風味會立刻填滿口中。另帶有些許柑橘皮般的苦味。
整體印象	擁有豐富的水果香氣與滋味，以及卡士達奶油般的濃厚風味。酒質平衡感佳，整體滋味香醇易飲。

DATA

製造廠商	施格蘭酒業集團（SEAGRAM GROUP）
創業年份	1893年
蒸餾器	直頭型
產地	Longmorn, Elgin, Morayshire

THE MACALLAN

麥卡倫

多道堅持所孕育的極致平衡，堪稱單一麥芽威士忌中的勞斯萊斯

麥卡倫威士忌不僅被讚譽為「單一麥芽威士忌中的勞斯萊斯」，在調酒師之間也有著「頂級醇酒」的美名。蒸餾廠位於斯佩河流域中游的克萊拉奇村（Craigellachie）的對岸。一八二四年，麥卡倫蒸餾廠才正式成為政府認可的第二間蒸餾廠，但其實它已擁有相當悠久的蒸餾歷史，十八世紀時曾頻繁往來此地的牧童們便已對其所產的蒸餾酒情有獨鍾。麥卡倫威士忌在製造上有許多堅持，其中有三項較為重要：其一為堅持使用價格高昂的黃金大麥為原料，其二為使用斯佩塞特當地最小型的單式蒸餾器進行直火蒸餾，最後則是以雪莉桶熟成，且木桶僅選用西班牙產的歐洛羅素（Oloroso）雪莉空桶，酒桶為蒸餾廠自行製造，雪莉酒則由西班牙的釀酒業者免費提供；完成的麥卡倫威士忌有著成熟的果實芳香與雪莉酒香，圓熟複雜的滋味更能彰顯出其風味的深度。

DATA

製造廠商	愛丁頓酒業集團
創業年份	1824年
蒸 餾 器	直頭型
產　　地	Craigellachie, Banffshire
	http://www.themacallan.com/

LINE UP

- 麥卡倫10年（700ml・40%）
- 麥卡倫18年（700ml・43%）
- 麥卡倫25年（700ml・43%）
- 麥卡倫30年（700ml・43%）
- 麥卡倫Cask Strength（750ml・58%）
- 麥卡倫Fine Oak 12年、18年、25年、30年（容量、酒精度數均以先前的系列酒款為基準）

TASTING Note

麥卡倫12年單一麥芽威士忌

700ml・40%

色澤	偏紅，如櫻花般的顏色。
香氣	微甜而令人著迷的香味。如奶油、雪莉酒香、葡萄乾、咖啡豆、覆盆子塔等。
風味	有著偏濃的雪莉酒風味。另帶著些許偏苦的可可亞滋味。
整體印象	除淡薄甜味外，在入喉後會感受到如同喝下紅酒般的單寧味。雪莉酒的滋味偏濃。

MORTLACH

莫特拉克

具備斯佩塞特麥芽威士忌特有的優點，變化多端而古緻典雅的複雜美酒

斯佩塞特的達夫鎮中共有七間蒸餾廠，當中最古老的蒸餾廠即是莫特拉克。「Mortlach」在蓋爾語中代表的是「碗狀的窪地」之意。是由當地的三位農夫於一八二三年共同向馬克達夫公爵（Macduff）承租領地後興建而成。當地原本就已十分盛行私釀活動，使用的泉水也是取自境內。而今日莫特拉克蒸餾廠所使用的水源則是引自康法摩爾（Convalmore）丘陵的泉水。有趣的是，這裡的六個單式蒸餾器形狀與大小不一，因此只要巧妙組合，將能以「部分三次蒸餾」的方法進行蒸餾，製造出的威士忌擁有花朵般的香氣與些微的煙燻風味、麥芽味與具深度的酒質以及多樣的水果滋味。此款酒堪稱為封存了斯佩塞特之美的美酒。

TASTING Note

莫特拉克16年單一麥芽威士忌（UDV公司・花與動物系列）

700ml・43%

色澤	較偏紅色，近似錫蘭紅茶的顏色。
香氣	雪莉酒香濃烈，另有著近似柴魚高湯般的香氣與橡皮臭味。
風味	風味接近香草、薄餅，另帶些微粉末感與少許煙燻風味，以及雪莉酒桶的熟成滋味。
整體印象	以濃烈的雪莉酒香及滋味為主軸，整體滋味融潤而厚實。

DATA

製造廠商	帝亞吉歐公司
創業年份	1823年
蒸餾器	直頭型、球型、燈籠型
產地	Dufftown, Banffshire

STRATHISLA

斯特賽拉

使用妖精駐守的泉水釀造，精緻而果香濃郁的餐後美酒

從斯佩塞特向西行，便可抵達位於艾雷河流域的基斯鎮（Keith）上的斯特賽拉蒸餾廠。「Strathisla」在蓋爾語中有著「艾雷河流經的廣闊深谷」的意思。在十八世紀初期，此處是座因亞麻產業發達而繁盛的新興城鎮，蒸餾廠最初也命名為Miltown（意指「工廠之鎮」），直到一九五〇年併入施格蘭酒業集團後才改名為斯特賽拉。此酒廠生產的威士忌也是起瓦士的主要麥芽原酒。創立於一七八六年的斯特賽拉為斯佩塞特當地最古老的蒸餾廠，使用的水一部分是取自名為「馮斯普林」（Fons Bulliens）的古老湧泉，傳說每當日落時水之妖精「凱魯比」（Water Kelpies）便會現身守護這座珍貴的湧泉。此泉水為含鈣量高的硬水，藉由此水能提升斯特賽拉威士忌的深層滋味。其味道雖辛辣但果香顯著，有著成熟果實與堅果般的圓潤風味，是絕佳的餐後酒。

DATA

製造廠商	施格蘭酒業集團
創業年份	1786年
蒸餾器	球型、燈籠型
產地	Keith, Banffshire
	http://www.chivas.com/

TASTING Note　斯特賽拉12年單一麥芽威士忌

700ml・43%

色澤	深金黃色。
香氣	如蘋果、牛奶、白粉花、燻烤程度適中的派。
風味	厚重的奶油味加上清淡的藥草香。另帶有濃度適中的鹽鹹味及甜味，整體而言近似肉桂口味的蘋果派。
整體印象	綿長醉人的尾韻偏向甜味，酒質的平衡度也相當成熟。

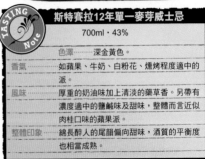

AUCHENTOSHAN

歐肯特軒

奉行蘇格蘭低地區的傳統三次蒸餾法，創造出柔和輕盈而纖細迷人的滋味

「Auchentoshan」在蓋爾語中是「草原角落」之意。蒸餾廠位於格拉斯哥（Glasgow）郊外的克區伯（Kilpatrick）丘陵低窪處。據說此蒸餾廠在一八〇〇年左右便已存在，然而，正式的創立紀錄則為一八二三年。該蒸餾廠最大的特色在於繼承了低地區的傳統三次蒸餾法（目前僅存雲頂、哈索本及此處仍採用三次蒸餾）。經由三部小型單式蒸餾器完成初餾、後餾、再餾等處理後，再將酒精濃度高達八一%的原酒取出。經過此三道蒸餾程序的麥芽原酒擁有淡雅香氣與輕盈的酒質，水果與麥芽的香氣十分適中，柔醇的風味使其極適合搭配餐點飲用。因經過三次蒸餾而得以迅速熟成的歐肯特軒，即使是十年酒款也具有充分的熟成感。經過波本桶熟成，再使用歐洛羅素雪莉桶（Oloroso）或赫瑞茲雪莉桶（Pedro Ximenez）進行二次熟成的「歐肯特軒低地三桶」（Three Wood）也相當值得品嚐。

TASTING Note

歐肯特軒10年單一麥芽威士忌

700ml・40%

色澤	明亮的金色。
香氣	接近麥芽、紅茶糖、綜合薄餅般的香氣。
風味	如紅茶、喉糖、輕淡奶油般的滋味。尾韻清爽不膩。
整體印象	滋味細緻柔醇、輕盈易飲。滋味具有多重風貌（甜味、細粉味、清爽顯著的滋味等……）。

DATA

製造廠商	波摩公司
創業年份	1823年
蒸餾器	燈籠型
產地	Dalmuir, Dunbartonshire
	http://www.auchentoshan.com

LINE UP

歐肯特軒低地三桶（Three Wood）（700ml・43%）

歐肯特軒21年（700ml・43%）

BLADNOCH

布萊德諾克

由最南端的蒸餾廠釀造，風味細緻且香氣豐富的麥芽威士忌

布萊德諾克蒸餾廠位於蘇格蘭最南端、突出於愛爾蘭海的馬卡斯半島（Machars Peninsula）上的維格鎮（Wigtown），是由當地農夫麥克雷兄弟（McCelland）於一八一七年所創立，起初只是作為農閒期的副業經營。該蒸餾廠除了一九三八～五六年間曾一度關閉外，經營者也不停地更換，到了一九九三年又再度陷入關閉甚至倒閉的危機，而在此時出面拯救布萊德諾克蒸餾廠的正是現在的經營者雷蒙・阿姆斯壯（Raymond Armstrong）。他當初將蒸餾廠改建為渡假用的別墅，後與人們一起將其轉為小型蒸餾廠，二〇〇〇年時終於恢復原貌。目前蒸餾廠是以不定期生產的方式持續營業中。受到南方溫暖的氣候影響，布萊德諾克威士忌擁有如蘇格蘭低地區的麥芽原酒般的豐醇滋味與酒質，還帶有花朵與柑橘系的豐潤水果香氣。目前蒸餾廠的腹地有一部分作為露營場地使用，盼能吸引更多的人潮回流，並於二〇〇〇年重新開始蒸餾作業，主打「花之豔麗」的醇美原酒也再次受到各方熱切的期待。

DATA

製造廠商	雷蒙酒業公司（Raymond Armstrong）
創業年份	1817年
蒸 餾 器	球型
產　　地	Bladnoch, Wigtownshire
	http://www.bladnoch.co.uk/

TASTING Note

布萊德諾克10年單一麥芽威士忌（UDV公司・花與動物系列）

700ml・43%

色澤	偏紅色系，近似大吉嶺紅茶的顏色。
香氣	有著香草香水的微甜氣味及雪莉酒香。
風味	如麥芽飯、半熟的薄煎餅、香蕉等。
整體印象	整體滋味成熟圓潤，濃厚而醇美。在低地區中屬特色最為鮮明的威士忌。

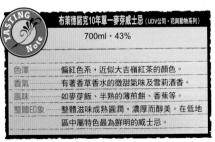

GLENKINCHIE

格蘭金奇

具備易於入喉的微辣口感，足以代表蘇格蘭低地的一品

格蘭金奇蒸餾廠位於蘇格蘭首都愛丁堡東南方約二十公里處的洛錫安（Lothian）市中心，鄰近一帶（特別是十八世紀之後）為適宜栽培大麥的丘陵地。約在一八二五年前後，格蘭金奇與許多蒸餾廠相同，是由當時務農的雷特家（Rate）作為副業經營所創建的。其名稱則是從流經當地的金奇河（Kinchie Burn）衍生而來。過去均以自家生產的大麥作為原料，並將麥芽殘渣拿來當成家畜的飼料。今日格蘭金奇威士忌屬於帝亞吉歐公司的系列酒款，除了名稱持續沿用之外，也保留了蒸餾廠周遭約三十五萬平方公尺的廣大農地。蘇格蘭低地區的麥芽威士忌多帶有輕微的辣味，適合作為餐前酒飲用，而格蘭金奇則為其中的代表性好酒。柔醇的口感與檸檬般的芳香中夾帶著適當的辣度，再加上圓潤穩實的尾韻。蒸餾廠周圍的優美環境也是吸引觀光客的絕佳條件，每年平均有十萬人造訪此地。

TASTING Note

格蘭金奇10年單一麥芽威士忌

750ml・43%

色澤	金黃色。
香氣	如茂密草坪散發出的清新香氣，以及青蘋果般的芳香。夾雜著些許藥味。
風味	味似香草甜而不膩。
整體印象	清爽淡雅，飲用時會帶給人彷彿外出野餐般的放鬆感。

DATA

製造廠商	帝亞吉歐公司
創業年份	1825年前後
蒸 餾 器	燈籠型
產　　地	Pencaitland, East Lothian

http://www.discovering-distilleries.com/glenkinchie

SPRINGBANK

雲頂

傳承坎貝爾鎮的光榮歷史，甜美芳醇，口感如薄餅的麥芽威士忌

曾一度以麥芽威士忌的中心集散地之名而盛極一時的坎貝爾鎮，在今日雖僅剩三間蒸餾廠尚維持營運，但其中的雲頂蒸餾廠至今仍持續傳承那份過往的榮光。遵照坎貝爾鎮各項傳統所生產的雲頂威士忌，有著所有麥芽威士忌中最為強烈的「Briny」（鹽鹹味），同時具備豐潤香氣、甘甜而深邃的口感，酒質絕妙的平衡度擄獲了無數威士忌迷的心。雲頂蒸餾廠創立於一八二八年，創立後不久即被J. & A. Mitchell公司收購，直至今日仍持續營運中，是蘇格蘭少數資本獨立的蒸餾廠之一。造酒時使用的麥芽均為地板發芽，初餾時選用石炭進行直火焚燒，並搭配獨特的裝瓶設備，藉由製造過程中的各項堅持，追求威士忌獨樹一幟的風貌。另外，雲頂威士忌在進行後段蒸餾時，採用有別於一般二次蒸餾的「二次半蒸餾」（參照第154頁）也是其特色。

DATA

製造廠商	J. & A. Mitchell Co. Ltd
創業年份	1828年
蒸餾器	直頭型
產地	Campbeltown, Argyll http://www.springbankdistillers.com/

LINE UP

雲頂10年 100 Proof（700ml・57%）
雲頂15年（700ml・46%）

TASTING Note

雲頂10年單一麥芽威士忌

700ml・46%

色澤	淡金黃色。如檸檬糖般的色澤。
香氣	如棉質襯衫散發的氣味。近似香草與樹木混合的香味，以及和菓子般的甘甜芳香。
風味	如洋梨皮，帶有鹹味與強烈的木桶沈香。
整體印象	雲頂10年的熟成期間雖短，卻能使飲用者充分感受到酒質的成熟圓潤。

LONGROW

朗格羅

為雲頂蒸餾廠開發出的第二號知名酒款，其名稱來自於坎貝爾鎮中某間古老蒸餾廠的復刻名。僅使用經過泥煤焚燒的麥芽並進行二次蒸餾製成。油膩感及煙燻風味使酒質更顯複雜而強烈。目前有一款10年酒是濃烈的「100 Proof」（57%）已經上市。

TASTING Note

朗格羅10年單一麥芽威士忌

700ml・46%

色澤	檸檬黃（波本桶熟成）。
香氣	近似昆布茶、鰹魚乾、較淡的烏龍茶等香味。還帶著如烤鰻魚般的煙燻香氣。
風味	鹽鹹味較煙燻風味為重，有著如黑巧克力般的厚實滋味。尾韻近似洋梨。
整體印象	與艾雷島麥芽威士忌有著明顯區別，帶有淡淡的煙臭味為其特色。

HAZELBURN

哈索本

雲頂蒸餾廠生產的第三號單一麥芽威士忌，名稱同樣取自過去曾存在坎貝爾鎮上的古蒸餾廠名。此酒款完全不使用煙燻過的麥芽，經過三次蒸餾後孕育出輕盈融潤的滋味。除了圖片中的酒款外，另有標籤上繪著酒桶或單式蒸餾器的其他兩種酒款，均在各界引頸期盼下自二〇〇五年首度發售。

TASTING Note

哈索本8年單一麥芽威士忌

700ml・46%

色澤	偏濃的金黃色。
香氣	清淡，有柳橙冰沙般的香氣。另有著舊式雜貨店販賣的口香糖般的復古微甘香味。
風味	有著如蜂蜜、麥芽及穀類般的甘甜與些許的水果風味。
整體印象	擁有麥芽與穀類的上乘甘甜味，整體印象近似低地區麥芽威士忌。在充斥煙燻風味的威士忌市場中不失為一項新鮮的選擇。

❶

❷

❶一望無際的泥煤地質草原。艾雷島上多為泥煤層所覆蓋。泥煤是由堆積在濕原上的白鹼泥炭蘚及蕨類植物等炭化而成。

❷發現了不合時節的石楠花。每年約八月中旬至九月時，草原會被整片的石楠花覆蓋。

❸拉加維林蒸餾廠寶塔狀的屋簷。蒸餾廠因位於海邊，總是被強風吹拂。

單一麥芽威士忌巡禮

Part 1

艾雷島篇

③

前往泥煤與海風點綴的美麗艾雷島

受透明如空氣般的「艾雷島風格」所感染

風一陣陣地吹拂著。迎面而來的風中總是摻雜著海水的潮氣。這裡正是艾雷島。如果你愛好威士忌，且特別為單一麥芽威士忌著迷的話，這裡肯定是你今生期盼造訪的島嶼。

艾雷島位於由複雜海岸線與諸島所形成的蘇格蘭西岸南端，距北愛爾蘭的安特里姆（Antrim County）只有三十五公里。整座島南北長四十公里、東西長三十公里。雖然只是座日本淡路島般大小的小島，其上卻有八座蒸餾廠。不單是數量驚人，蒸餾廠所生產的威士忌還被稱為「艾雷島風格」（Islay model），具有強烈且獨特的魅力。一般而言，煙醺味、泥煤味很濃，其中還融入了海岸的香氣。它的特徵就是後勁強，極有特色。

大部分的人在初嚐艾雷島生產的威士忌時都會驚訝不已。有人喜歡，也有人認為無法下嚥。不過，只要些許時日大多數的人都會迷上這獨特的風味。當然，各個蒸餾廠出產的威士忌特色與調性皆不相同，但不論是哪一種也都確切地帶有濃濃的艾雷島風格。

為什麼艾雷島會成為威士忌之島？又如何生產出充滿魅力的單一麥芽威士忌呢？只要做一次全島的蒸餾廠之旅，用身體緩慢

※艾雷島與蘇格蘭的相對位置請參考P.27的地圖

※Kilchoman蒸餾廠是2005年設立的。第一瓶麥芽威士忌預計於2010年問世。

深刻地體驗之後，一定可以理解。

從地理面、歷史面來看，據說原本威士忌的製造技術是從愛爾蘭傳到蘇格蘭來的，這個說法最為世人接受。如果從地理位置來看，說離愛爾蘭最近的艾雷島是最早接受到外來威士忌製造技術的地方一點也不為過。艾雷島還有個優勢，就是島上擁有豐富的威士忌原料，也就是水、大麥以及作為燃料的泥煤。

艾雷島全島由獨特的、厚實的泥煤層所覆蓋。所謂的獨特是指與他處相比，此處的泥煤不但具有海藻香氣而且富含油分。因為吹掠過全島的潮風中含有濃濃的青苔與隨風飛來的海藻，這泥煤的風味會隨著烹煮麥芽時滲入。製作威士忌所使用的水也是透過這樣的泥煤層所流洩出來的泥煤之水。這水源也是頗能代表艾雷島、如同空氣般重要的存在。

再說得詳細一點，蒸餾廠多位於面海處，熟成庫房則設置在海邊，於是，威士忌就在桶中吸收潮風逐漸熟成，因而生成艾雷島獨有的自然香氣。

如果要多加敘述，艾雷島處處可讓人感受到艾雷島的特質。島上的人們既質樸又友善，雖說如此，卻又令人感受到由內散發的熱情。古時島民與維京海盜抗戰，爾後便以艾雷島之王（Lord of Isle）之名，獨立建國很長一段時間。或許是這一段歷史背景，使得艾雷島具有一種特殊的氣氛。

深吸一口艾雷島的空氣，讓身體任海風吹拂，在這樣的情境下飲入的單一麥芽威士忌特別美味。

❹在波摩街角偶遇波摩蒸餾廠的知名倉庫管理人金傑．威利（Jinger Willie）先生。

❺從入港的渡輪上可以看到波特艾倫（Port Ellen）製麥廠。它以前是蒸餾廠，現今轉變成為大多數蒸餾廠提供麥芽的供應廠。

❻在艾雷島上常見廣大牧場中四處放牧的羊與牛。

雅柏蒸餾廠

❶

ARDBEG DISTILLERY

這是一杯猶如為寒冷身體帶來溫暖、令人甦醒的老麥芽威士忌！

❷

位於艾雷島南岸、艾倫港（Port Ellen）東邊有三座具有強烈風格的艾雷麥芽蒸餾廠彷彿三兄弟並排著。雅柏（Ardbeg）位於最東側的小海岬上。海岬上處處是嚴峻的岩石，此處風大風景卻很美，有種很符合雅柏的感覺。

雅柏威士忌是艾雷島麥芽威士忌中煙臭味最重、風味最濃厚的酒款，自古就受狂熱的酒迷們青睞。另外，它所具有的醇厚是百齡罈（Ballantines）等白蘭地也不可或缺的老麥芽（Brg Malt）特徵。但是，雅柏蒸餾廠不久前卻經歷了一場危急存亡的危機。

❶Ardbeg在蓋德爾語中為「小海岬」之意。

❷熟成庫房。威士忌存放在疊高三層的貨架上。

 各蒸餾廠的資訊請見第226頁

❸左起為「10年」、「Airigh Nam Beist」、「Uigeadail」。其中第二款為新產品，初入口時香醇且柔順，在入喉瞬間濃烈與甘甜一併湧出，是頗具魅力的好酒。

❹近者為初餾器（Wash Still），遠者為再餾器（Spirit Still）。兩者都呈lantern壺形，初餾器的特徵為裝有純淨器（Purifier），可將蒸氣導臂（Lyne Arm）中過多的酒精復原為蒸汽。

❺發酵槽，由落葉松製成的與美國奧勒崗的松木製成的各三個。深綠色鐵環也令人印象深刻。

雅柏自一九八一年到一九八九年曾完全封廠、暫停生產。即使後來又恢復生產，其產量直到一九九七年由格蘭傑公司（現為LVMH精品集團＊旗下企業）收購為止，都維持減半生產。

「剛到此地時，這個地方簡直糟到不能住人。後來我們把工廠甚至外觀都一一整頓好。那過程就像是在潔白的畫布上作畫一樣。」

為我們細說從頭的是前陣子才剛卸除廠長職位的史都華・湯姆森（Stuart Thomson）之妻賈姬（Jackie）。一九九七年，她與丈夫一起參與這項工作時，並不特別喜愛威士忌。後來她是從容易入口的布納哈本（Bunnahabhain）這款較沒泥煤味的威士忌開始入門，現在已理所當然地愛上了艾雷島單一麥芽威士忌。雅柏單一麥芽威士忌更是

＊LVMH是擁有Moet Hennessy和Louis Vuitton等品牌的集團。格蘭傑公司在2005年被LVMH併購，現為其旗下公司。

不在話下。

首先，賈姬帶領我們大致參觀一下蒸餾廠。現在這裡是個整齊清潔的地方，且處處充滿生氣。然後，她取出「10年」以及新產品「Airigh Nam Beist」這兩款酒邀我們品嚐。在稍涼的日子參觀酒廠後，這樣一杯滋味絕妙的威士忌讓冰冷的身體像是點燃燭火般，令人備感溫暖。

在終於重新營業、恢復生氣的蒸餾廠裡，你絕不可錯過的是訪客中心（Visitor Center），也就是將舊有的爐灶以及麥芽儲藏庫加以改造而成的「Old Kiln Cafe」。

你可以在Old Kiln Cafe品嚐與雅柏威士忌相當搭配的手作料理與點心，另外也可以品酒。餐廳裡的餐點全都是利用當地的新鮮食材製作。此處裝潢優美、氣氛宜人，更是個溫馨的空間，經常有婚禮及舞會在此舉辦，是個廣受當地人喜愛的地方。任何人來此造訪，都能從單一麥芽威士忌和餐廳感受到雙重溫暖。

❻前陣子仍擔任廠長的史都華以及把「Old Kiln Cafe」經營有色的妻子賈姬合照。

❼如果你到艾雷島觀光，建議你務必造訪「Old Kiln Cafe」。在那兒，你可以享受到以當地新鮮食材製作的手作料理與點心。所有料理與點心都是雅柏威士忌的絕佳搭檔。

❶

❷

❶酒廠和大海之間只間隔一條道路。正面是英達爾灣，差不多位於波摩的正對岸。

❷自左依序為布魯萊迪「12年2nd Edition」、「3D Mhoine Mhor 2nd Edition」、「布魯萊迪Rocks」。藉由Jim McEwan的巧手，個性多采多姿的布魯萊迪威士忌一一問世。

❸白色是布魯萊迪的代表色，再搭配水藍就成了美麗的蒸餾廠。

❸

布魯萊迪蒸餾廠

BRUICHLADDICH DISTILLERY

自然、純淨、純手工釀造！
蘊藏艾雷島靈魂的威士忌

❹垂直延展的長頸蒸餾機令人印象深刻。爽口濃郁的布魯萊迪就是由此誕生，藍色管線是再餾機，紅色管線是初餾機，利用不同的色彩作出區隔。

❺帶領我們參觀的，是釀造經理唐肯．麥克利夫雷（Duncan McGillivray）（左）和產品經理吉姆．麥克尤恩（右）。兩人都是艾雷島當地人，如果把他們的釀酒經驗相加，總共已經作了八十年的威士忌。

❻麥克尤恩先生說，「聽聽這個，感受一下艾雷島吧」，交給我們這張CD。這是Norman Munroe的〈Scottisher's Gold〉。非常溫柔、優美，是一張讓人感受艾雷島風情的專輯。

現在的布魯萊迪（Bruichladdich）蒸餾廠是非常有意思的一個地方。酒廠的新風格，以及工作團隊的釀造總監吉姆・麥克尤恩（Jim McEwan）的影響力都相當引人注目。這間酒廠打從一九九五年開始就已幾近歇業，卻在二〇〇〇年十二月時被從事紅酒業務的馬克・雷尼爾（Mark Reynier）及其召集的夥伴們，連同七千桶熟成中的庫存一起買了下來。在他們的收購交易背後並沒有大型財團支持，而是以艾雷島為中心召集的個人投資者，以非常私人的方式建立自給自足的公司。他們共同的目標——心中最根本的期望——是希望能夠創造出更完美的艾雷島單一麥芽威士忌。

酒廠重新開幕的時候，重新整修了維多利亞時代創設以來的設備繼續使用，二〇〇三年更添購了自己的裝瓶設備。現在，包含以自然水源加水等步驟，大部分的釀造過程都可以在艾雷島完成。「用艾雷人自己的手、用艾雷傳承下來的古法製作、用艾雷的風土培養，這就是重生的布魯萊迪。」麥克尤恩先生表示。

「幾乎沒有泥煤味，清淡而且非常香醇，還帶有果香。這是利用長頸蒸餾器（Pot Still）緩緩蒸餾的成果。此外，水也有影響。我們是用高泥煤濃度的水，柔和地加以調和。總而言之，自然、純淨、手工釀造是我們的特徵，對我們來說非常重要。」

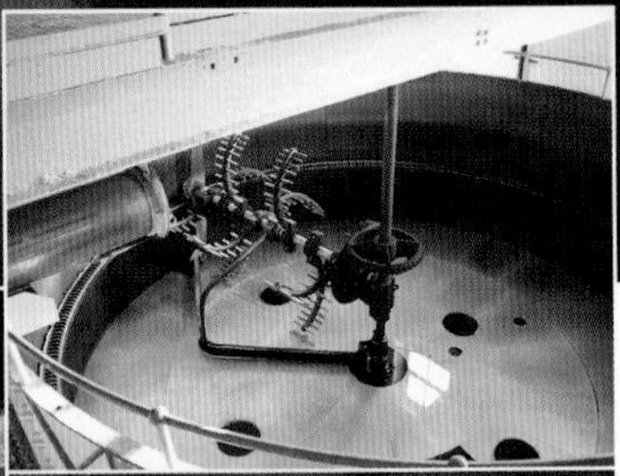

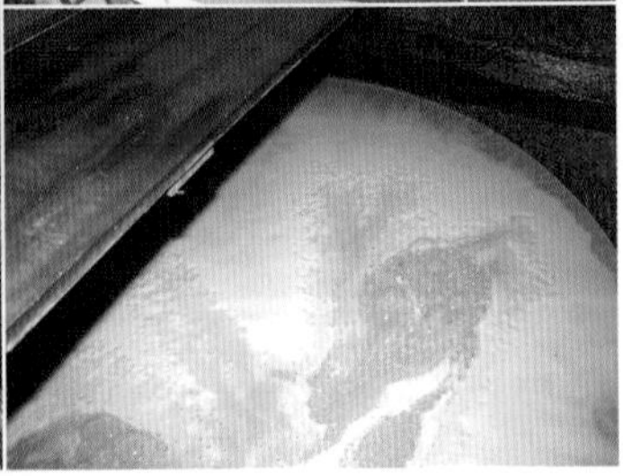

❼較老舊的是一九六〇年代的存放原酒的熟成倉庫（酒窖）。其中有七〇%是波本桶、一五%是雪莉桶，其餘的則是各種類型的紅酒與蘭姆酒桶。

❽這是一八八一年設廠以來所使用的鑄鐵製開蓋式糖化槽（Open-Top Mash Tun）。磨碎的麥芽與溫水由左上角的大管送入糖化槽。

❾將要發酵的麥芽發酵汁（Wash）。發酵槽由奧勒崗松製成。

❿以大型移液管（Valinch）取出原酒試喝。這款酒是一九八四年蒸餾、二〇〇二年調和後裝入龐馬赫魯（Pomerol）紅酒桶中的布魯萊迪蘇格蘭純麥威士忌。色澤協調、香醇、味道醇厚，是款令人感動的酒。

蒸餾廠重新開張之後，創造出利用新泥煤徹底烘烤的「夏洛特港」（Port Charlotte）與重度烘烤的「奧克特摩」（Octomore）等麥芽威士忌。也針對加冰飲用者推出「Rocks」，還有利用三種完全不同特質的麥芽威士忌調和的「3D」、經過三次蒸餾的「Trestarig」……加上各式各樣魅力十足的裝桶，布魯萊迪接二連三發表嶄新的酒款，大家千萬不可錯過。

「雖然有些公司規模很大，但是他們比較沒有辦法隨機應變，結果就會生產出很多個性差不多的成品。相對而言，我們就像是威士忌界的設計品牌。因為精巧、獨立、沒有成規束縛，所以我們才能這樣做。這就像手藝高超的大廚每天不會端出相同的料理一樣。」

總而言之，布魯萊迪就像是搖滾樂，他們這麼說。對於「艾雷人（Ileach）※」來說，這就是熱情、是浪漫、是永恆。

※指在艾雷島出生、長大的艾雷人。島上的人對於艾雷島相當自豪，故以此自稱。

第2章

蘇格蘭調和式威士忌
&愛爾蘭威士忌

Blended Scotch Whisky
& Irish Whiskey

Blended Scotch Whisky

蘇格蘭調和式威士忌的基礎知識

1 何謂調和式威士忌？

由獨具個性的原酒交織而成，讓你感受宛如聆聽奢華交響樂般的極致魅力

連續式蒸餾器的構造與穀類威士忌

蘇格蘭威士忌根據原料及製法的差異，一共可分為三種不同的威士忌，包括：麥芽威士忌、穀類威士忌以及調和式威士忌。而由於調和式威士忌為調和（混合）前述兩種威士忌所製成，因此常會有數十種麥芽原酒與多種穀類原酒摻雜其中。

回顧歷史，最早在蘇格蘭製造生產的威士忌，是僅使用大麥麥芽並以單式蒸餾方式製成的麥芽威士忌。十九世紀後，隨著連續式蒸餾器的發明，穀類威士忌便隨之問世，而調和式威士忌則是最後才誕生的種類。

穀類威士忌的定義是指以玉米、小麥和未發芽的大麥作為主要原料，並使用連續式蒸餾器蒸餾所製成的威士忌。

與麥芽威士忌相較，穀類威士忌雖然能以較低的成本大量生產，卻無法擺脫口味單調且缺乏特色的弊病。而且透過連續式蒸餾器製造更容易使這項缺點表露無遺。

連續式蒸餾器的基本構造如下。首先，其內部有著數十層棚架所組成的蒸餾塔，每層棚架上均有無數個小洞。使用時先從上層倒入熱透的發酵汁（Wash），並從下層將蒸氣送入，如此一來，當蒸氣通過棚架上的小洞時，酒精便會從發酵汁中分離

MALT
使用數十種各具特色及風味豐潤的麥芽原酒。

＋

GRAIN
選用無雜味、醇潤順口的數種穀類原酒。

→

BLENDED!

（蒸餾）出來。

每一層棚架均會反覆地進行蒸餾的動作（參照下圖），由多個棚架組成的蒸餾塔也可分為粗餾塔與精餾塔兩部分。

酒精度數較低的蒸餾液會經由循環而排出。蒸餾所得的液體酒精濃度會在九〇%以上（單式蒸餾器所得的蒸餾液濃度約七〇%左右），如此即可取得酒精濃度與純度皆高的酒液。

然而，在除去當中多餘雜質的同時，往往也會連香味成分一同除去，於是變成了易飲易入喉卻缺乏特色的威士忌。

從蘇格蘭威士忌的進化中，看出調和式威士忌的魅力

麥芽威士忌雖擁有獨特風味與鮮明特色，但是在蘇格蘭以外的地區卻始終難以受到廣泛的歡迎。另一方面，穀類威士忌雖有著價格便宜且易飲的優點，但缺乏特色這項缺點也使其難匯聚人氣。

在如此兩難的狀況下，將麥芽威士忌與穀類威士忌相互調和並互補其缺點，在蘇格蘭以外的地區也能廣泛被接納的調和式威士忌便應運而生。

將容易與其他原料搭配的穀類作為潤滑劑，藉此使各種麥芽的風味得以完美組合，這便是調和式威士忌的魅力所在。

蘇格蘭威士忌的躍進與調和式威士忌的成功有著不可切割的密切關聯。如果將單一純麥威士忌的魅力當成是獨樹一幟的美麗獨奏的話，那麼擁有多重特色且巧妙地互補有無的調和式威士忌，就像是一首動聽的交響樂曲般使人醉心。

連續式蒸餾器的基本構造

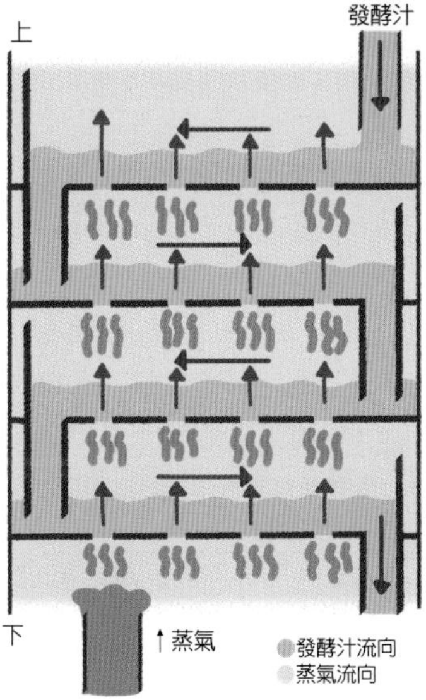

①連續式蒸餾器是一個大型的長型塔，左圖為其內部的基本構造與運作機制。如圖所示，蒸餾塔內部有幾十層的棚架，棚架上有無數個孔洞。

②發酵液會從上部送入，平均流經每一層直達下部。

③在此同時，蒸氣會從下部送出，而從棚架上的孔洞往上升，此時發酵液會受熱而其中的酒精將會揮發。

④透過以上步驟，各棚架都可進行蒸餾，因此將可有效率地得到高濃度、高純度的酒精。

2 蘇格蘭調和式威士忌的誕生歷史

連續式蒸餾器的發明與征服倫敦市場的關鍵

連續式蒸餾器的問世促成穀類威士忌的登場

回顧蘇格蘭威士忌的演化歷史，其中調和式威士忌的誕生與發展占了相當大的比重。然而，連續式蒸餾器的發明與穀類威士忌的誕生也有著密不可分的關係。

連續式蒸餾器（Continuous Still）的原理是羅伯特・史坦（Robert Stein）於一八二六年提出。到了一八三一年，此原理被愛爾蘭的伊尼亞・科菲（Aeneas Coffey）改良實用化並提出專利申請，而連續式蒸餾器也從此多了以他的名字命名的科菲蒸餾器（Coffey Still）或雙餾式蒸餾器（Patent Still）等名稱。

連續式蒸餾器能夠不間斷地大量生產，從原理上可知其內部為組合多組單式蒸餾器的結構（參照第79頁）。此機器能夠提煉出九〇%以上的高濃度酒精，如此不僅能夠過濾掉雜味，還能將多餘的雜質一併去除。而無論製酒的原料為何，連續式蒸餾器都能發揮出一定的成效。

初次將連續式蒸餾器導入蒸餾廠並成功攻占大型市場的為低地區的蒸餾業者。另外，他們也以玉米等穀類作為原料，來取代相對高價的麥芽，於是便造就了所謂的穀類威士忌。

蘇格蘭調和式威士忌的製造方式（以「百齡罈17年」為例）

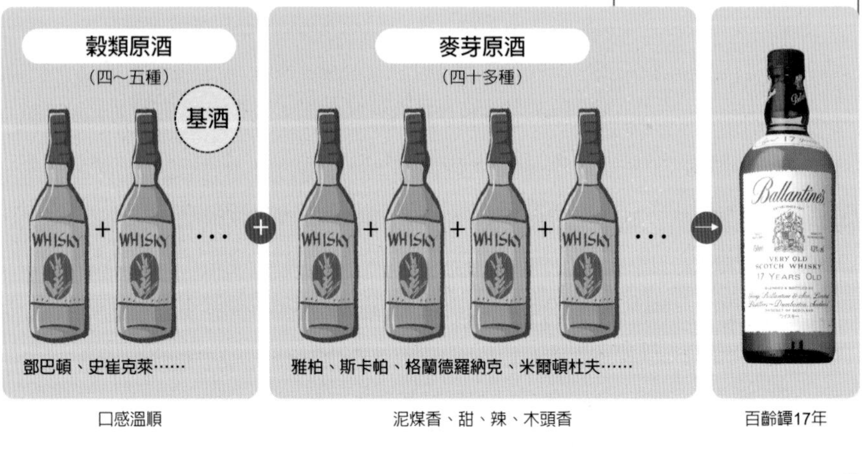

令倫敦酒客心神嚮往的調和式威士忌

到了一八三〇~四〇年代，蘇格蘭高地區的新蒸餾廠也如雨後春筍般接續成立。高地區的麥芽威士忌與低地區的穀類威士忌產量也有著飛躍性的大幅成長，因此擴大銷售市場便成了亟需克服的問題：而兩地的首要共同目標便是大英帝國的首都倫敦。對當時早已習慣飲用白蘭地的倫敦人而言，麥芽威士忌的滋味過於強烈，穀類威士忌則是缺乏特色與味道。

在此前提下，愛丁堡出身的安德魯・亞瑟（Andrew Usher）便想出將兩者相互混合，使其優點得以互補，進而創造出滋味芳醇而易飲的威士忌。

安德魯・亞瑟於一八五三年首度推出使用與格蘭利威熟成年份不同的麥芽原酒組合而成的混和式威士忌，並獲得廣大的迴響。後來在一八六〇年適逢政府修訂酒稅法（允許造酒者於庫房中調和麥芽威士忌與穀類威士忌），他便將兩者以適當比例調和，而首款調和式威士忌也就此誕生。

在調和式威士忌問世後，蘇格蘭威士忌也趁此風潮逐漸地打入倫敦市場。環顧整個八〇年代，全歐洲的葡萄樹飽受葡萄蚜蟲（Phylloxera）之害，幾乎成了滿目瘡痍而完全無法採收的狀態。由於葡萄為白蘭地的重要原料，在此天災影響下連帶使得白蘭地的生產停滯，於是，倫敦的紳士們便將目光轉移到全新的調和式威士忌上。

與便宜卻缺乏獨特風味的穀類威士忌及具備煙燻風味卻過於厚重的麥芽威士忌均有所區隔的調和式威士忌成功地擄獲了倫敦人的舌頭，並在短短的二十年間在倫敦市場中占有一席之地。當時正值大英帝國的全盛時期，在此繁榮的背景下華麗登場的調和式威士忌，也順勢打入了世界各國的酒類市場。

蘇格蘭調和式威士忌誕生歷程之重要記事

1826	羅伯特・史坦發明連續式蒸餾器的原理。
1830	伊尼亞・科菲改良連續式蒸餾器並獲得十四年的專利權。此即為今日使用的連續式蒸餾器的原型。至此時期起連續式蒸餾器開始實用化。
1853	愛丁堡出身的安德魯・亞瑟推出混合式威士忌。 基於當時法令的限制，混合式威士忌僅能混合使用兩種以上的酒桶原酒，即使如此，仍比單一麥芽威士忌及穀類威士忌易於飲用，在期望創造出更多滋味豐潤的威士忌的構想下，調和式威士忌的製造也逐漸步上軌道。
1860	政府修訂酒稅法，允許造酒者自行於庫房中調和麥芽威士忌與穀類威士忌。安德魯・亞瑟首度將麥芽威士忌及穀類威士忌加以調和，今日所稱的調和式威士忌於焉誕生。
1879	法國的葡萄園因受葡萄蚜蟲侵襲而幾乎陷入完全停擺狀態。 在白蘭地漸難購得的情況下，消費者慢慢轉向蘇格蘭調和式威士忌。使得原本僅限於蘇格蘭當地銷售的威士忌，逐漸打入世界各大市場。

你一定得先品嚐的
推薦酒款！

在此推薦正準備進入威士忌世界的朋友們四款蘇格蘭調和式威士忌
與一款愛爾蘭威士忌，期能作為各位選購時的參考。
此五款酒款各有特色，請嘗試品味其中差異來發掘樂趣吧。

起瓦士12年威士忌
CHIVAS REGAL 12
→P101

以斯佩塞特出產的銘酒為調和的核心，享受奢華芳醇的滋味不可錯過的酒款！

從過去便以堅持迅速熟成、瓶身標示「12年熟成」為主的起瓦士，使用斯佩塞特生產的銘酒作為調和原酒的核心，創造出芳醇而有蘇格蘭威士忌公主之美稱的「起瓦士12年」。

百齡罈17年威士忌
BALLANTINE'S 17
→P99

調和式威士忌才擁有的絕妙平衡，品嚐絲緞般柔潤酒質的絕佳選擇！

「甜醇、果香、圓熟、柔潤」，集合四大特點於一身的百齡罈威士忌，完美的調和使酒質具備絕佳的平衡度。堪稱蘇格蘭調和式威士忌中的傑作。

威雀蘇格蘭威士忌
THE FAMOUS GROUSE finest

→P104

酒質均勻加上尾韻無窮，為蘇格蘭威士忌中的當紅炸子雞！

在蘇格蘭廣受歡迎、人氣長久不墜的第一品牌。二度熟成（Double Marriage）的製法所創造出的酒質，滋味與香氣之間有著絕佳的平衡，飲用時的風味與綿延的尾韻更是魅力滿點。

順風威士忌
CUTTY SARK

→P102

在美國市場擁有極高人氣，喜愛潤暢清爽的滋潤口感者絕不可錯過的酒款！

以白色帆船作為商標的順風威士忌，正如瓶身的圖案所示，是款柔暢易飲而風味清淡的威士忌。清涼而近似柑橘般的香氣濃度均勻，適度的煙燻風味更是令人心醉。

布斯密10年麥芽威士忌
BUSHMILLS malt10

→P117

綿密地於口中擴散的深沈尾韻魅力無窮，刻劃出愛爾蘭源遠流長的傳統的代表性酒款！

來自世界現存的最古老蒸餾廠，為愛爾蘭唯一的單一純麥威士忌。使用僅產於愛爾蘭的獨特泥煤進行煙燻，並歷經三次蒸餾的酒款，其甘甜而複雜多變的香氣為其魅力所在。

蘇格蘭調和式威士忌・酒款型錄

Blended Scotch Whisky Catalog

BALLANTINE'S

百齡罈

以精巧絕妙的平衡度調和製成，兼具順暢的口感與芳醇的香氣

蘇格蘭三大威士忌品牌之一。其名號遠播世界各地，全球銷售量居第三位（每秒售出二瓶），特別以全球市占率超過百分之三十的歐洲為銷售大宗。百齡罈的酒款雖相當多樣化，但「甘醇、果香、圓潤、柔暢」等四點卻是各酒款所共有的特色。另一項令人咋舌的特色，即是其用於調和的麥芽原酒與穀類原酒種類繁多。在「百齡罈Finest」中就使用了包括格蘭伯奇（Glenburgie）、米爾頓杜夫（Miltonduff）在內的五十七種麥芽原酒與四種穀類原酒；而「百齡罈17年」也使用了四十種麥芽原酒與四種穀類原酒。然而，每種酒款都有著絕妙的調和平衡度。賦予百齡罈柔醇口感的則是來自鄧巴頓（Dumbarton）蒸餾廠的穀類威士忌。在創造出頂極蘇格蘭威士忌的理念下，於一九三七年誕生的即是「百齡罈17年」；而「百齡罈12年」則是以加水後能使香氣更易溢散而出的概念所調和而成的威士忌。

DATA

製造廠商	喬治百齡罈公司（George Ballantine & Son）
創業年份	1827年
主要原酒	格蘭伯奇（Glenburgie）、米爾頓杜夫（Miltonduff）、斯卡帕（Scapa）、富特尼（Pulteney）、巴布萊（Balblair）、格蘭卡登（Glencadrm）、雅柏（Ardbeg）等。

LINE UP

- 百齡罈Finest（700ml・40%／750ml・43%）
- 百齡罈金牌12年（700ml・40%）
- 百齡罈12年（700ml・40%）
- 百齡罈30年（700ml・43%）

TASTING Note

百齡罈17年威士忌

750ml・43%（12年）

色澤	高透明度的琥珀色。
香氣	沈穩中夾帶甜味香氣。加水稀釋後能使香味更加顯著而沈澱。
風味	柔醇易飲而不易生膩。適中的甜度能令人感到心神舒暢。
整體印象	麥芽滋味雖不甚濃郁，卻十分適合加水稀釋後飲用。清淡爽口的滋味極適合搭配日本料理。

BELL'S

金鈴

調和式威士忌的創始品牌，穩重和諧的口感中亦不失泥煤的香氣與清爽

此酒誕生於位處高地與低地交界的伯斯，至今仍為英國國內暢銷威士忌。此酒廠創立者亞瑟·貝爾（Arthur Bell）於一八四〇年以銷售員的身分加入伯斯的酒商，之後成為合夥人並於一八六〇年代開始調酒，後又成為知名調酒師，對於調和式威士忌的發展有著極大貢獻及影響。在調和技術尚未成熟的當時，用於調和的多是未成熟原酒。在此情況下，亞瑟致力挑選經確實熟成且品質優良的原酒，並透過精湛的調和技術創造出前所未見的高級調和式威士忌。到了一九三〇年，亞瑟為追求更高品質的原酒，便收購了高地區的布萊爾阿蘇（Blair-Athol）、達夫鎮（Dufftown）、鷹馳高爾（Inchgower）等蒸餾廠，並確立了訴求高品質的金鈴之品牌地位。「金鈴Extra Special」廣受全球酒客的喜愛，銷售量在英國國內市占率達百分之二十。此酒款以自家公司所有蒸餾廠的麥芽威士忌為核心，是調和三十五種麥芽原酒製成的威士忌。除了醇郁易飲外，泥煤香氣與辛辣度也相當適中。「金鈴12年」則有經過十二年熟成的深邃滋味。

DATA

製造廠商	Arthur Bell & Son
創業年份	1895年
主要原酒	布萊爾阿蘇（Blair-Athol）、達夫鎮（Dufftown）、鷹馳高爾（Inchgower）、布萊德諾克（Bladnoch）等。

LINE UP

金鈴Extra Special（700ml·40%）

TASTING Note

金鈴12年威士忌

700ml·40%（Extra Special）

色澤	帶有濃橙色的琥珀色。
香氣	杏仁香氣中帶著些許沈木香味，另帶有香草與蜂蜜等香氣。
風味	能感受到輕微煙燻風味、甜度以及淡淡的苦澀味。
整體印象	滋味不會過重，淡爽易飲。

CHIVAS REGAL

起瓦士

以醇酒斯特賽拉作為原酒核心所創造出的蘇格蘭威士忌之王

起瓦士兄弟公司的前身是一八〇一年時，於蘇格蘭亞伯丁市開設的紅酒與食材零售店。為了製作出堅持傳統與高品質且順口的威士忌，起瓦士兄弟堅持使用充分熟成的原酒以及活用斯佩賽特麥芽。「Chivas Regal」誕生於一八九一年，為起瓦士兄弟公司在一八七〇年發售了「格蘭迪」（Glendee）並使公司一鳴驚人後，依此成功軌跡持續研發生產出的嶄新酒款。「Regal」有著「皇家」、「極致」的含意。在一九三八年時，此酒款破天荒地首度採用「12年熟成」的標示方式，自此之後「12年」便成了高級蘇格蘭威士忌的代名詞。作為調和核心的原酒是斯佩塞特最古老的蒸餾廠斯特賽拉（參照第71頁）所出產。為了使調和用的麥芽原酒能維持高品質，起瓦士兄弟於一九五〇年收購該蒸餾廠，並以未曾改變的高級酒質作為蒸餾廠的招牌。擁有「蘇格蘭威士忌的公主」之美稱的「起瓦士12年」，具有雪莉桶香及草藥般等多變複雜的風味且尾韻深長；「起瓦士18年」則有著圓融的熟成感及芳醇的果實香氣，新鮮的煙燻風味更使起瓦士成為逸品中的逸品。

TASTING Note

起瓦士12年威士忌

700ml・40%

色澤	檸檬茶色。
香氣	如香草、餅乾、蘋果的微甜香味，另帶有少許接著劑的氣味。
風味	輕盈而柔醇，甜度雖不若香氣，但極易入喉。夾帶著些許苦澀味。
整體印象	尾韻中帶著些許木桶沈香。熟成度高，不易感受到殘留的麥芽味，而能品嚐到純粹的酒香。稍微加水稀釋能使滋味更上層樓。

DATA

製造廠商	起瓦士兄弟公司（Chivas Brother's）
創業年份	1858年
主要原酒	格蘭伯奇（Glenburgie）、斯特賽拉（Strathisla）、朗摩恩（Longmorn）、格蘭冠（Glen Grant）、格蘭利威（Glenlivet）等。

LINE UP

起瓦士18年（700ml・40%）

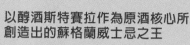

CUTTY SARK

順風

象徵馳騁大海的白翼帆船形象與易飲溫醇的風味都令人難以忘懷

提到順風威士忌，就會令人想起那航行在金黃色標籤上的白色帆船。事實上，該圖案是以十九世紀初曾從中國運送紅茶至英國的高速帆船為範本所繪製的。繪製此帆船的畫家是詹姆士・麥貝（James McBey），且圖案上的「Cutty Sark」也是由他親自命名。原本以經銷紅酒為主的Berry Bros & Rudd公司於一九二三年推出此酒款，起初是考慮到美國市場而製造的順風威士忌有著輕盈易飲的特色，其色澤為當時相當普遍的焦糖色，是屬於未經調整的天然淡色系。順風威士忌以格蘭露斯威士忌為主要麥芽原酒，搭配高原騎士、特姆杜等原酒，以及酒質穩實的穀類威士忌調和而成。清涼的柑橘香氣與爽口的風味為順風威士忌的主要形象。「順風12年」的瓶身則是以燈塔形狀為範本所設計，口感順暢柔和，並帶有圓潤而獨特的花朵芳香。

DATA

製造廠商	Berry Bros & Rudd
創業年份	1698年
主要原酒	格蘭露斯（Glenrothes）、布納哈本（Bunnahabhain）、格蘭格拉索（Glenglassaugh）、高原騎士（Highland Park）、特姆杜（Tamdhu）、格蘭利威（Glenlivet）等。

LINE UP

- 順風12年（700ml・40%）
- 順風18年（700ml・43%）
- 順風25年（700ml・45.7%）

TASTING Note

順風威士忌

700ml・40%（18年）

色澤	略微熟成的白酒色。
香氣	香味淡爽清新，如花香、蜂蜜、蘿蔔泥。
風味	入口時會傳來撲鼻般的樹木香氣，酒入喉後則會感到香草般的淡雅滋味。另有著些許青蔥味。
整體印象	原酒的調配平衡極佳，雖有些許嗆辣，但有輕盈的煙燻滋味護航，入喉後口中滿是清爽的尾韻。

DEWAR'S

帝王

辛辣卻圓融成熟的滋味，遵循標準的口感在美國具有極高人氣

德華父子有限公司（John Dewar & Sons）設立於一八四六年，創立者約翰・德華是將蘇格蘭帝王威士忌裝瓶後推出的第一人（之前均以限量方式販售），他的次子湯米（Tommy）更進一步促成帝王威士忌打入倫敦市場。行動力與幽默感兼備的湯米銷售手腕過人，例如，在一八八六年的展售會上，他親自穿上蘇格蘭短裙吹奏風笛以吸引注意，並為帝王威士忌準備了許多小故事以提升其價值。不久之後，帝王威士忌的魅力果然席捲倫敦市場，該地也成為其銷售大宗。堪稱德華父子有限公司代名詞的「帝王白牌威士忌」（Dewar's White Label）於一八八〇年代初期上市，此酒款是一八九六年該公司為自行進行調和作業，而於蘇格蘭高地區建立艾柏迪（Aberfeldy）蒸餾廠，並以此處生產的麥芽原酒作為核心，加上低地區的麥芽原酒進行調和後所得。帝王白牌威士忌在美國擁有壓倒性的人氣，其滋味圓潤而辛烈，些微的煙燻風味更是挑動著酒客們的味蕾。

TASTING Note

帝王白牌威士忌

700ml・40%

色澤	略偏橙色的金黃色。
香氣	如檸檬皮般的香味。然而，光憑此清淡的香氣尚不易令人期待。
風味	偏辣，但尾韻帶有甜味並會在口中擴散。淡甜中有著些許苦澀味。
整體印象	甜味、辣感與苦澀三味的比例十分平衡，在後段漸漸湧現的甜味擁有不錯的評價。

DATA

製造廠商	德華父子有限公司（John Dewar & Sons）
創業年份	1846年
主要原酒	艾柏迪（Aberfeldy）、奧特摩爾（Aultmore）、格蘭奧德（Glen Ord）、克萊拉奇（Craigellachie）等。

威雀

國鳥「威雀」的圖騰於瓶身昂首挺立，蘇格蘭人氣第一的威士忌

「Grouse」（威雀）指的是棲息在蘇格蘭高地山野的松雞，也就是蘇格蘭的國鳥。一八九六年時狩獵松雞在上流階級之間曾一度風行，因此馬修・克拉克父子公司（Mathew Gloag & Son）也將這支一八九六年自家生產的威士忌命名為「The Grouse Brand」。此品牌一問世便造成廣大迴響，詢問「知名的松雞牌威士忌」的消費者可說絡繹不絕，因此，酒款名稱也在眾望所歸之下更改成「The Famous Grouse」。至今威雀威士忌在蘇格蘭的人氣依然居高不墜。使用約四十種以上的麥芽原酒進行調和，主要的麥芽原酒包括格蘭杜雷特、特姆杜、麥卡倫、高原騎士等，並加入其他穀類威士忌後進行為期至少六個月的二度熟成。酒質平衡度高與水果香氣為其魅力所在。

DATA

製造廠商	蘇格蘭高地酒廠（Highkand Distillers）
創業年份	1800年
主要原酒	格蘭杜雷特（Glenturret）、特姆杜（Tamdhu）、麥卡倫（Macallan）、格蘭露斯（Glenrothes）、高原騎士（Highland Park）、格蘭哥尼(Glengoyne)等。

LINE UP

威雀Vatted麥芽威士忌1989（700ml・40%）

TASTING Note

威雀威士忌

700ml・40%

色澤	偏向黃色的金色。
香氣	如蜂蜜、棉花般的輕盈香味。略帶苦澀味的香氣容易勾起人的食欲。
風味	芳醇的滋味會於口中綻放，另有著厚實的熟成感及些微的雪莉酒香。
整體印象	有著如紅茶般不易消散的尾韻，其飽實的風味會令人忍不住再嚐一口。有輕微辛辣味。

GRANT'S

格蘭

與格蘭菲迪同樣採用角瓶，口感滑潤順暢的調和式威士忌

格蘭威士忌是由格蘭父子公司所開發的酒款，其與當前世界單一麥芽威士忌的銷售龍頭格蘭菲迪均屬同一企業所有，觀察兩種酒款相同的三角柱形瓶身即可一目了然。兩者雖出自於同一間調和公司，實際上卻有著一段不為人知的故事。最初，該企業其實是將蒸餾廠定位為專門生產麥芽威士忌的蒸餾廠，但在一八九八年時當時最大的調和式威士忌廠商派特森（Pattison）企業宣告倒閉後，受到連帶波及的格蘭父子公司也同樣面臨經營的危機，於是，威廉・格蘭便當機立斷，決定由公司自行承接調和威士忌的業務。目前該公司除格蘭菲迪蒸餾廠外，還擁有百富、基尼柏（Kininvie）麥芽蒸餾廠，以及位於蘇格蘭高地區的穀類蒸餾廠剛邦（Girvan）。主力酒款「格蘭Family Reserve」是以上述蒸餾廠所產的二十～三十種麥芽及一～三種穀類調和而成，口感滑順並具有斯佩塞特威士忌特有的豐富香氣及鮮明的風味，也使其擁有廣大的酒迷。

TASTING Note

格蘭Family Reserve威士忌

700ml・40%

色澤	琥珀色。
香氣	近似杏仁或豆類製成的油香，帶有土臭味。另有著如海潮、焦糖、咖啡、巧克力般的香氣。
風味	尾韻似奶油，甘味強烈，但仍能明顯辨別當中的苦味。有著若隱若現的煙燻風味。
整體印象	在調和式威士忌中擁有較濃而厚實的滋味為其特色，尾韻綿長而豐富。

DATA

製造廠商	格蘭父子公司（William Grant & Sons）
創業年份	1886年
主要原酒	格蘭菲迪（Glenfiddich）、百富（Balvenie）、基尼柏（Kininvie）等。

LINE UP

同廠商之姊妹品牌

馬克雷加（Clan MacGregor）（700ml・40%）

高登＆麥克菲爾（Gordon & MacPhail）（700ml・40%）

J&B

痛快深沉的燻香中蘊含著清爽宜人的滋味，銷售量穩居世界第二的人氣蘇格蘭威士忌

「J&B」威士忌的名稱為生產公司Justerini & Brooks的縮寫。該公司原為一七四九年創立於倫敦的老紅酒商，創立者是來自義大利的傑可摩（Jacomo Justerini），他於一八九〇年首創自家公司的威士忌品牌，而類似的酒款「J&B Rare」則是誕生於一九三三年。在禁酒令解除後，走清淡路線的威士忌以美國市場為目標大量地生產，當中尤以此款「J&B威士忌」特別受到美國人歡迎，在五〇年代至六〇年代間均穩居銷售龍頭的地位。即使加入其他蘇格蘭威士忌來加以比較，此品牌至今的累積銷售量也高居世界第二位。用於調和的麥芽原酒包括諾康杜、蘇格登、格蘭斯佩、斯特拉斯米爾等四款斯佩塞特麥芽威士忌。略微辛辣的口感及痛快的煙燻香氣能帶給飲用者絕妙的體驗。

DATA

製造廠商	Justerini & Brooks
創業年份	1749年
主要原酒	諾康杜（Knockando）、蘇格登（Singleton）、格蘭斯佩（Glanspey）、斯特拉斯米爾（Strathmill）

LINE UP

目前國內僅能購得正式代理的「J&B Rare」

TASTING Note

J&B Rare威士忌

700ml・40%

色澤	近似極淡的檸檬水。
香氣	高濃度的酒精中蘊含著顯著的煙燻香味。
風味	入口時有著輕盈的甜味，尾韻則近似於藥草根的味道。
整體印象	整體滋味偏向清淡，滋味分界明確但調和的平衡度佳，使酒質呈現圓融順潤的口感。

JOHNNIE WALKER

約翰走路

平易近人的約翰紅與約翰黑兩酒款，為世界銷售第一的龍頭品牌

「約翰紅」與「約翰黑」即是衆所周知的「約翰走路紅牌」與「約翰走路黑牌」的暱稱，這兩款酒均於一九〇九年問世，是由John Walker & Sons公司的創立者John Walker的兩位孫子約翰（John）與艾雷克（Alec）所開發推出。該企業的知名商標「邁步紳士」（Striding Man）也誕生於同一時期。其所獨創的身著紅色大衣、頭戴大禮帽的英國紳士圖，後來也成了一知名角色。約翰兄弟於一八九三年時收購了位於斯佩塞特的卡杜蒸餾廠，艾雷克並以該蒸餾廠的麥芽原酒作為調和約翰紅的主要原酒，而參照祖父留下的調和方式所開發出的則是約翰黑。約翰紅為當前世界銷售第一的威士忌，有著令人身心舒暢的煙燻香氣及高雅奢華的香味。而使用經十二年熟成的麥芽原酒調和而成的約翰黑，則以香氣豐富及口感層次分明而廣受歡迎。

TASTING Note

約翰走路黑牌12年威士忌

700ml・40%

色澤	烘焙茶色，偏濃黃色的琥珀色。
香氣	如花朵般的撲鼻香味十分鮮明，等待一段時間後煙燻香氣也會浮現。
風味	些許辛辣，強烈的滋味具有男性般的剛烈形象。有著如濃湯般的風味。
整體印象	辛辣味適中而持久，是長期飲用也不易生膩的酒款。

DATA

製造廠商	John Walker & Sons有限公司
創業年份	1820年
主要原酒	卡杜（Cardhu）、大力斯可（Talisker）、拉加維林（Lagavulin）、克里尼斯（Clynelish）、皇家藍勛（Royal Lochnagar）、莫特拉克（Mortlach）等。

LINE UP

約翰走路紅牌（700ml・40%）
約翰走路金牌18年（750ml・43%）
約翰走路藍牌（750ml・43%）
約翰走路Swing（750ml・43%）

OLD PARR

老伯

沈厚的瓶身中蘊含著深沈的煙燻香氣，「時光流逝，滋味依舊」正是此酒款的保證

「Olo Parr」的名稱是來自於一位活了一百五十二歲又九個月（一四八三～一六三五）的英國人瑞農夫Thomas Parr之名。他在八十歲時才首度結婚，並育有一男一女。一百二十二歲時妻子先他而去，這位活力充沛的老農夫便立刻再婚並又生下一女。而此酒款便是以他的長壽所衍生出的概念「無論時光如何流逝，品質永不改變」所製成。老伯蒸餾廠創於十九世紀後半，是由McDonald Greenlees公司所設立。當年由日本考察大使岩倉具視率隊的歐美考察團於一八七三年歸國時，據說曾提著好幾箱剛上市的「老伯威士忌」，被認為是此酒款初次傳入日本。調和時主要使用位於斯佩塞特的克拉格摩爾蒸餾廠的麥芽原酒，再搭配斯佩塞特出產的其他麥芽威士忌，方能創造出具有明確煙燻香氣及滋味充滿深度的老伯威士忌。

DATA

製造廠商	McDonald Greenlees
創業年份	1871年
主要原酒	克拉格摩爾（Cragganmore）、格蘭都蘭（Glendullan）等。

LINE UP

古典老伯18年（750ml・46%）

特級老伯（750ml・43%）

TASTING Note

老伯12年威士忌

750ml・43%

色澤	大吉嶺紅茶色。
香氣	帶有蜂蜜、水果、萊姆葡萄般的香味，香氣若隱若現。
風味	甘醇濃厚，滋味層次分明，麥芽風味與苦味穿插其中而使酒液充滿魅力。
整體印象	穩實的口感能長時間持續，在調和威士忌之中屬於滋味濃厚的酒款，酒質平衡度亦佳。

ROYAL HOUSEHOLD
皇家御用

唯日本將其作為一般威士忌飲用，為英國皇室御用的頂級逸品

「Royal Household」指的即是「英國皇室御用」之意。而此款威士忌之所以能擁有如此高雅尊貴的名稱，得追溯到一八九七年，詹姆士布坎南酒廠奉皇室之命為王子（即後來的艾德華七世）開發專屬的調和式威士忌。這款有著純正血統的蘇格蘭威士忌並不易尋，目前將其當作一般威士忌飲用的僅有日本當地。日本昭和天皇於一九二〇年代訪問英國時，英國王室所餽贈的禮物便是此款威士忌，使其與日本結下了不解之緣，直至今日也只對日本開放特別出口許可。調和用的原酒以蘇格蘭高地區的達爾維尼及斯佩塞特的格蘭菲斯為主，再加上總數多達四十五種的高價值嚴選麥芽原酒及穀類原酒製造而成。酒液散發著洗鍊而高貴的氣息，滋味更是濃醇而豐富。

TASTING Note

皇家御用威士忌

750ml・43%

色澤	稍微偏黃，屬明亮度較高的金黃色。
香氣	有著檸檬香氣及蕃薯等穀物芳香，以及糖果般的甘甜香味。
風味	如柑橘、生薑、奶油般的輕柔風味，也帶著些許鹽味。加水能提出酒液適中而不膩的甜味。
整體印象	酒質彷彿會纏繞住舌身般地持續散發出濃厚的滋味。平衡度佳，尾韻長而持久。

DATA

製造廠商	詹姆士布坎南酒廠（James Buchanan）
創業年份	1879年
主要原酒	達爾維尼（Dalwhinnie）、格蘭菲斯（Glentauchers）、格蘭都蘭（Glendullan）、大力斯可（Talisker）等。

ROYAL SALUTE

皇家禮炮

因二十一響禮炮定下熟成二十一年的圭臬，蘇格蘭高級威士忌中的極致酒款

「Royal Salute」是指英國王室每逢特殊節慶或舉行活動時，海軍所鳴放的「皇家禮炮」。現任女王伊莉沙白二世於一九五三年加冕就任時，起瓦士公司以祝賀之名發行了此酒款，並以發射的禮炮數為二十一發為由，僅選用熟成二十一年以上的原酒來進行調和。當初此酒款雖是為加冕典禮而限量發售，但由於迴響超出預期地熱烈，因此至今仍持續生產。瓶身是參考十八世紀時用以填裝稀有酒類的陶製容器特別設計出來的，藍紅綠三色分別代表英國國王皇冠上所裝飾的寶石。與起瓦士威士忌一樣，是以斯佩塞特的斯特賽拉作為核心原酒，搭配於高級橡木桶中熟成二十一年以上的精選麥芽原酒及穀類原酒一起調和而成。此款高級蘇格蘭威士忌擁有極佳的圓熟滋味與潤醇奢華的口感，濃厚純實的酒質更令人回味無窮。

DATA

製造廠商	起瓦士兄弟公司
創業年份	1801年
主要原酒	斯特賽拉（Strathisla）等

LINE UP

皇家禮炮21年綠牌（40%）

皇家禮炮21年紅牌（40%）

TASTING Note

皇家禮炮21年藍牌威士忌

700m・40%

色澤	亮麗的琥珀色。
香氣	帶有高級甜味的大麥芳香。雖較欠缺強烈的特色，但入口後香氣會逐漸地在口中擴散。
風味	柔和醇暢，甜而不膩，相當易於入喉。甜味會漸漸地在口中擴散開來。
整體印象	酒精濃厚卻柔醇易飲，容易使人沈醉其中。

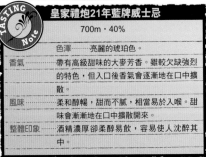

WHITE HORSE

白馬

以拉加維林作為主要原酒，艾雷島與斯佩塞特威士忌的絕妙組合

「白馬」是由蘇格蘭格拉斯哥的酒商彼得（Peter Mackey）於一八九〇年催生的酒款。位於愛丁堡市的古老酒亭兼旅館「White Horse Cellar」（白馬亭）為此酒款名稱的由來。此處曾是蘇格蘭獨立軍的指定住宿地點，有著自由獨立的象徵意義，因此便將其名稱與圖案原封不動地用於威士忌的瓶身上。此款蘇格蘭調和式威士忌很獨特，調和所用的主要原酒為拉加維林，而採用煙燻風味強烈且特性鮮明的艾雷島麥芽原酒作為主要原酒的調和式威士忌相當稀有，也因此使得白馬威士忌更顯珍貴；再搭配甘醇的克萊拉奇，以及有著蜂蜜般圓潤滋味的格蘭愛琴等斯佩塞特出產的原酒，構築出具備完美平衡度的調和式威士忌。「白馬12年」是專為日本市場所開發的高級威士忌，保留了艾雷島威士忌特有的濃烈煙燻風味，然而，口感卻是超乎想像地柔暢醇厚。

TASTING Note

白馬Fine Old威士忌

700ml・40%（12年）

色澤	顏色偏濃的烘焙茶。
香氣	具有如紅蔥、肉桂般的香味。開瓶後香氣會逐漸變得芳醇。也具有濃烈的泥煤香氣及鮮明的蜂蜜甘香。
風味	近似蜂蜜或楓糖漿的醇甜滋味。
整體印象	濃烈的煙燻香氣會漸漸變淡，取而代之的是楓糖漿的醇甜滋味。風味會在艾雷島威士忌與斯佩塞特威士忌之間交互變化。

DATA

製造廠商	白馬酒廠（White Horse Distiller）
創業年份	1890年
主要原酒	拉加維林（Lagavulin）、克萊拉奇（Craigellachie）、格蘭愛琴（Glen Elgin）等

LINE UP

白馬12年威士忌（700ml・43%）

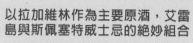

WHYTE AND MACKAY

懷特馬凱

經「二次熟成」孕育而生，絲綢般的柔醇口感擁有無窮魅力

「雙獅」是「懷特馬凱」的特有標誌。一八八二年時，詹姆士・懷特（James Whyte）與查爾斯・馬凱（Charles Mackay）繼承了舊公司，並以兩人的姓氏作為新公司的名稱。該蒸餾廠創立迄今均不曾被其他酒廠或企業接手，藉由「二次熟成」所孕育出的獨特風味至今也未曾有過改變。製造時須先將三十五種以上的麥芽原酒加以調和，再儲於雪莉桶中熟成數個月以上（此為一次熟成），然後加入六種穀類原酒並再次裝入雪莉桶中待其熟成（二次熟成）方能完成。進行二次熟成時必須分成兩階段個別進行麥芽原酒與穀類原酒的調和，如此將可使這兩類原酒在最佳的狀態下混合，而形成色澤偏深紅的琥珀色蘇格蘭威士忌，且能製造出有如絲綢般柔順綿密的口感。隨著熟成年數的增加，其酒質的成熟與厚重感也會等比提高。

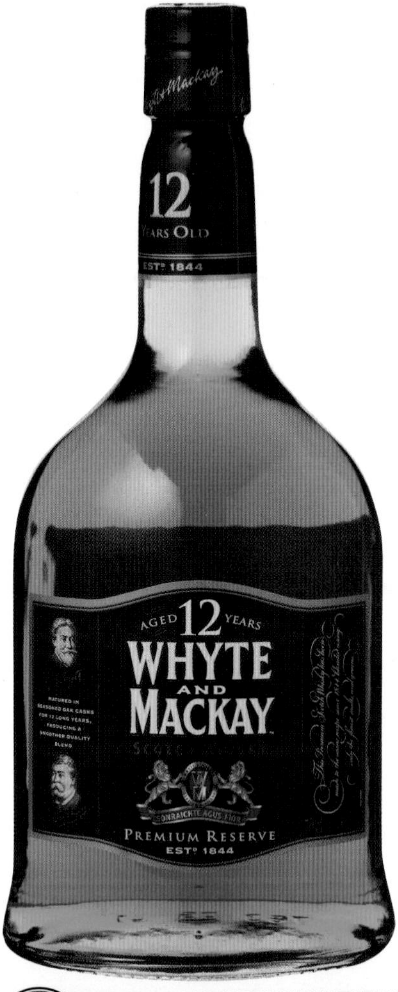

DATA

製造廠商	懷特馬凱（Whyte and Mackay）集團
創業年份	1882年
主要原酒	大摩（Dalmore）、費特凱恩（Fettercairn）等。

LINE UP

懷特馬凱藍牌（700ml・40%）
懷特馬凱18年（750ml・43%）
懷特馬凱21年（750ml・43%）
懷特馬凱30年（700ml・43%）

TASTING Note

懷特馬凱12年威士忌

700ml・40%

色澤	紅色色澤較濃的大吉嶺紅茶色。
香氣	熟成酒桶的香氣較強。微甜。乾果香氣中夾雜著些許泥煤的土臭味。
風味	帶有雪莉酒香，淡淡的葡萄乾甜味，以及樹木的撲鼻沈香。
整體印象	高貴而擁有女性般的形象。以「優雅的醇酒」一詞形容再貼切不過。

蘇格蘭威士忌從蒸餾到裝瓶的流程
關係圖

對於蘇格蘭威士忌來說，從蒸餾到裝瓶（商品化）中間其實有很多不同的模式。不論是單一麥芽和調和式之間，或者原廠裝瓶和由獨立裝瓶商裝瓶都不盡相同。在此做個整理。

原廠裝瓶

由蒸餾廠本身或母公司集團擁有的裝瓶設備進行裝瓶。

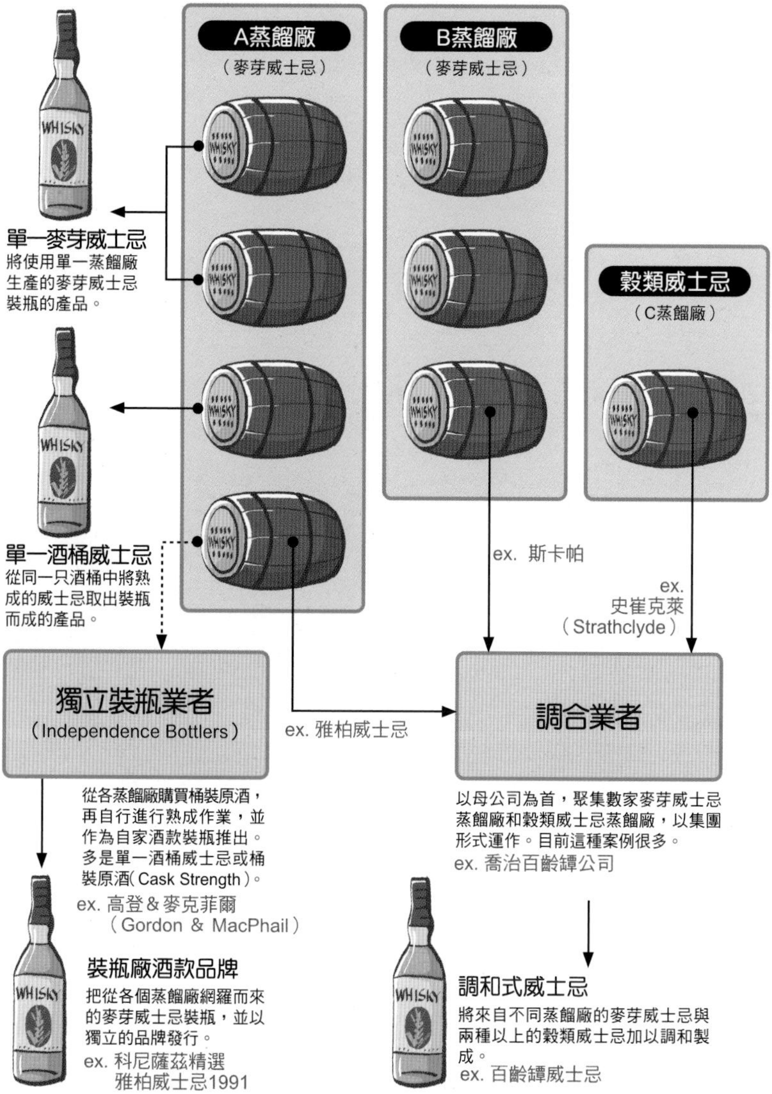

A蒸餾廠
（麥芽威士忌）
B蒸餾廠
（麥芽威士忌）
穀類威士忌
（C蒸餾廠）
WHISKY
單一麥芽威士忌
將使用單一蒸餾廠生產的麥芽威士忌裝瓶的產品。
單一酒桶威士忌
從同一只酒桶中將熟成的威士忌取出裝瓶而成的產品。
ex. 斯卡帕
ex. 史崔克萊（Strathclyde）
ex. 雅柏威士忌
獨立裝瓶業者
（Independence Bottlers）
從各蒸餾廠購買桶裝原酒，再自行進行熟成作業，並作為自家酒款裝瓶推出。多是單一酒桶威士忌或桶裝原酒（Cask Strength）。
ex. 高登＆麥克菲爾（Gordon & MacPhail）
調合業者
以母公司為首，聚集數家麥芽威士忌蒸餾廠和穀類威士忌蒸餾廠，以集團形式運作。目前這種案例很多。
ex. 喬治百齡罈公司
裝瓶廠酒款品牌
把從各個蒸餾廠網羅而來的麥芽威士忌裝瓶，並以獨立的品牌發行。
ex. 科尼薩茲精選 雅柏威士忌1991
調和式威士忌
將來自不同蒸餾廠的麥芽威士忌與兩種以上的穀類威士忌加以調和製成。
ex. 百齡罈威士忌

Irish Whiskey

愛爾蘭威士忌的基礎知識

1 何謂愛爾蘭威士忌？

經過三次蒸餾且不使用泥煤增添香氣，以清淡而易於入口的大麥芳香為主要特色

各自具有鮮明特色的三大蒸餾廠

關於威士忌最久遠的紀錄，是在一一七二年亨利十二世揮軍遠征愛爾蘭時所留下的。因此，將愛爾蘭威士忌視為歷史最為悠久的威士忌也不為過。

愛爾蘭群島位於大不列顛島的西側，目前分為南邊的愛爾蘭共和國與英屬北愛爾蘭兩個部分，但只要是愛爾蘭群島所生產的威士忌，均可稱為愛爾蘭威士忌。歷史悠久的愛爾蘭群島上目前僅存三處蒸餾廠，包括目前全世界最古老、位於北方的布斯密（Bushmills）蒸餾廠，與離南部的科克（Cork）頗近的密道頓（Midleton）蒸餾廠，以及位於丹多克郊區（Dundalk）、鄰近北愛爾蘭國界、建築較新穎的庫利（Cooley）蒸餾廠。

愛爾蘭威士忌一般是以大型單式蒸餾器進行三次蒸餾所製成的，原料則是以未發芽的大麥為主成分，再搭配小麥及裸麥；另外，為進行糖化作業，大麥麥芽也是不可或缺的原料，用於愛爾蘭威士忌的麥芽並不會經過煙燻程序。在蒸餾方面，由於酒精濃度平均達到八五％的高濃度，因此雜味較淡，整體來說較蘇格蘭威士忌容易入喉。此外，以大麥為主的多種穀類所具備的香氣也能充分與酒精融合。以上述原料和製法所製成的原酒即稱為愛爾蘭純威士忌；而將其稍作變化後再加以商品化的例子也相當多，今日延續此股風潮，將使用玉米為主原料製成的穀類威士忌再與愛爾蘭純威士忌加以調和的產品陸續問世，一般多將這些口感較為青澀、溫和的產品統稱為愛爾蘭威士忌。

近年來，使用經過二次蒸餾並增添了煙燻味的麥芽，或是以攙入多種穀類蒸餾而得的穀類威士忌作為調和原料的全新嘗試日益增多，另外，曾經盛極一時、名號響亮的大型蒸餾廠也紛紛起死回生，愛爾蘭威士忌在此多重影響下，樣貌也變化萬千。

愛爾蘭威士忌的蒸餾廠

布斯密蒸餾廠

位於北愛爾蘭，為世界現存最古老的蒸餾廠（於一六〇八年創立）。此蒸餾廠出產的所有威士忌全都經過三次蒸餾。透過傳統製法與以多種木桶進行熟成，來製造出滋味醇熟又具備淡雅風味的威士忌。

庫利蒸餾廠

創於一九八七年，是愛爾蘭當地設備最新穎，且為國家政策下所建立的獨立蒸餾廠。僅以大麥麥芽為原料，並添加煙燻風味的威士忌，包括：康尼馬拉（Connemara）、馬基立根（Magilligan）、格林波特（Green Spot）……等，多數酒款均能窺見製作者的匠心。

密道頓蒸餾廠

為愛爾蘭蒸餾廠集中地IDG（愛爾蘭酒業集團，Ireland Distillery group）的核心蒸餾廠。擁有世界最大型的單式蒸餾器，旗下有尊美醇、特拉莫爾露（Tullamore Dew）等知名酒款。

愛爾蘭威士忌的種類

愛爾蘭純威士忌

以大麥、小麥、裸麥、大麥麥芽為原料，搭配單式蒸餾器歷經三次蒸餾後，再熟成三年以上所得的威士忌。擁有穀類的芳香與潤順的口感。經常作為調和式威士忌的原酒使用。

愛爾蘭威士忌（調和式）

以愛爾蘭純威士忌作為原酒，再調入穀類威士忌所製成的調和式威士忌。口感輕盈淡雅而易於入喉，目前為愛爾蘭威士忌的主流酒款。

愛爾蘭威士忌．酒款型錄

Irish Whiskey Catalog

BUSHMILLS

布斯密

來自世界最古老的蒸餾廠，愛爾蘭威士忌的代表品牌

「Bushmills」指的是「森林中的水車小屋」，同時也是位於北愛爾蘭安特立姆郡（Antrim）中的小鎮。在一六〇八年，獲英格蘭國王詹姆斯一世頒予蒸餾執照後，蒸餾廠便於當地成立，而如今已是以世界現存最古老的蒸餾廠之名號而聞名遐邇的威士忌產地。此處所生產的威士忌採用大麥麥芽作為原料，並以雪莉與波本空桶進行熟成作業，乍看之下製作方法與蘇格蘭威士忌並無差異，但在蒸餾上仍保留了傳統愛爾蘭威士忌的製法，即進行三次蒸餾。在調和式當道的愛爾蘭威士忌中，此品牌是唯一以單一麥芽製成的愛爾蘭威士忌。「布斯密麥芽10年」是使用波本桶熟成十～十二年，再加上雪莉酒與香草的甘甜味，以及略帶辛辣氣味的香味，使其成為滋味醇辣的魅力酒款。綿延的尾韻也一再彰顯出其深奧複雜的風味。

TASTING Note

布斯密10年麥芽威士忌

700ml・40%

色澤	深琥珀色。
香氣	帶果實香，接近梔子花與香草的氣味。波本桶的桶香也強。另外還帶有雪莉酒香。
風味	以麥芽為主體。帶些許辛辣。有著如葡萄皮與青蘋果般的風味。
整體印象	尾韻深長，後勁帶有甘甜味及些微苦澀味，果實香氣會逐漸於口中擴散，波本桶的風味也會逐漸產生變化。

DATA

製造廠商	布斯密酒廠（Old Bushmills Distillery）
設立年份	1608年
產　　地	Bushmills, county Antrim（北愛爾蘭）
	http://www.bushmills.com/

LINE UP

- 布斯密（700ml・40%）
- 布斯密黑牌（700ml・40%）
- 布斯密16年麥芽威士忌（700ml・40%）

CONNEMARA

康尼馬拉

讓人聯想到蘇格蘭威士忌的極品燻香，傳承自古愛爾蘭的復刻風味

此酒款是來自目前仍持續運作的愛爾蘭三大蒸餾廠中歷史最短的庫利蒸餾廠。在一九八七年，政府開始引導愛爾蘭出產的威士忌成為獨立企業，而約翰・提格（John Thring）便把握此時機，投入四百萬英鎊於丹多克（Dundalk）建立了康尼馬拉蒸餾廠，並從一九九二年起陸續推出系列酒款。康尼馬拉威士忌的特色在於其獨樹一幟的煙燻風味。基本上，現今的愛爾蘭威士忌並不具備煙燻香氣，但在十九世紀初焚燒泥煤來為威士忌增添香氣卻是相當普遍的做法。康尼馬拉威士忌則可稱為古代威士忌的現代復刻版，其名稱也是由當年泥煤的產地名稱而來。與艾雷島麥芽威士忌相較之下，愛爾蘭麥芽威士忌的泥煤香氣較為溫和穩實，也能品嚐到雪莉桶醇辣爽口的風味。單桶原酒雖有著五九・六%的高酒精濃度，但色澤十分透明，口感也極為豐富厚實。

DATA

製造廠商	庫利酒廠（Cooley Distillery）
設立年份	1987年
產　　地	Riverstown, Dundalk（愛爾蘭）
	http://www.cooleywhiskey.com/

LINE UP

康尼馬拉單桶原酒（700ml・59.6%）

TASTING Note

康尼馬拉麥芽威士忌

700ml・40%（單桶原酒）

色澤	白酒色，如同Fino雪莉桶般的色澤。
香氣	帶有泥煤香氣、淡薄的起士香氣，如薄荷香、煙燻起士，另有膠合板般的氣味。
風味	甜味、辣味會連續交替顯現。另外有著麥芽甜味及順口的酸味及芹菜的滋味。
整體印象	擁有光從香氣無法推測的深沈滋味，尾韻中帶有洋蔥的甜味，令人感覺不到酒精濃度。

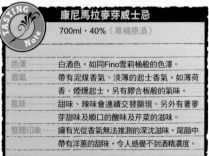

JAMESON

尊美醇

纖細圓融的新生風味，為愛爾蘭當地銷售第一的酒款

一七八〇年，約翰·詹姆森父子公司（John Jameson & Son）於都柏林創立。當初是使用麥芽及未發芽大麥作為原料，經單式蒸餾器三次蒸餾後再加以熟成，製造出滋味厚重而香氣豐富的威士忌，並在十九世紀結束前樹立了公司的名氣與聲望。但是在第二次世界大戰後，清淡口味的威士忌漸漸成為主流，而堅持傳統製法的尊美醇也於一九七一年面臨了停產的危機。就在此時，以穀類威士忌作為原酒調和製成的「北美調和式威士忌」(North America Blended) 於一九七四年正式推出。纖細圓融與順潤易飲的特徵很快就博得廣大酒客的喜愛，也使曾一度面臨危機的尊美醇絕處逢生，成了今日愛爾蘭威士忌的銷售龍頭。另一方面，「尊美醇12年」繼承了傳統醇酒的風味，所使用的原酒中有七五%是於雪莉桶中進行熟成，因此富有鮮明強烈的香草香氣與深奧複雜的滋味。

TASTING Note

尊美醇12年麥芽威士忌

700ml・40%（尊美醇）

色澤	亮麗的金黃色。
香氣	清新鮮明而純粹。
風味	極為順暢醇潤的滋味。入口後酒液不會停滯於喉頭，飲入時會漫起些微香甜。
整體印象	即使加水稀釋滋味也不會改變。經過三次蒸餾所得的清爽、柔暢口感令人印象深刻。

DATA

製造廠商	約翰詹姆森父子公司（John Jameson & Son）
設立年份	1780年
產　地	Midleton, county Cork（愛爾蘭）

LINE UP

尊美醇（700ml・40%）

尊美醇18年（700ml・40%）

MIDLETON VERY RARE

密道頓經典威士忌

以每年僅生產五十桶的原酒製造裝瓶，限量販售的珍貴銘酒

密道頓蒸餾廠擁有全世界最大型的單式蒸餾器，為愛爾蘭酒業集團的主力蒸餾廠。此蒸餾廠出產的著名酒款不勝枚舉，當中最為著名的夢幻酒款即屬這款於一九八四年限量生產的密道頓經典威士忌。此酒款是從每年熟成至巔峰的原酒中精選出五十桶，再取一九七五年新蒸餾廠開業時所儲藏的老酒與經波本桶熟成十二年以上的原酒加以調和後裝瓶製成。標籤上清楚標示裝瓶年份與年號，以及蒸餾廠負責人巴林・克羅特（Barry Crockett）的親筆簽名、生產編號及刻印，每項標示均是為保證威士忌的品質所設。由於不經燃燒泥煤增添香氣的程序，因此主要以近似太妃糖與香料豆肉蔻般的香氣為主，並且能品嚐到麥芽的純粹風味與深邃的滋味。另外，每年所生產的酒款在風味上均有微妙的差異，嘗試品評比較也是一大樂趣。

DATA

製造廠商	密道頓酒廠（The Midleton Rare）
創業年份	1825年
產　　地	Midleton, county Cork（愛爾蘭）

TASTING Note

密道頓經典威士忌

700ml・40%

色澤	帶有濃橙色的透明暗黃色。
香氣	近似芒果、麝香葡萄、南國水果等香味。帶有些許小麥與木材香氣。主要為偏甜香氣。
風味	如木瓜、麝香葡萄般的滋味，有著南方水果般的熱帶風味。熟成感確實且濃厚。
整體印象	水果香氣會長時間殘留口中，尾韻甘美。

TULLAMORE DEW

特拉莫爾露

清爽宜人與順暢柔醇的口感中，蘊藏著大麥的自然清香

特拉莫爾（Tullamore）為愛爾蘭中部某城鎮之名，而蒸餾廠則是由麥可・摩洛（Michael Molloy）於一八二九年所創立，並將此鎮名作為調和式威士忌的名稱使用。「DEW」即為「露」之意，在該蒸餾廠獲得突飛猛進的發展之時，當時的經營者丹尼爾・E・威廉斯（Daniel E Williams）將自己姓名的縮寫「D.E.W.」加在該威士忌的品牌名稱上，因此便成了「特拉莫爾露」。蒸餾廠於一九五四年吹熄燈號，現在該酒款由密道頓蒸餾廠代為生產。今日的造酒程序仍依循創業時的標準，除了有輕盈順潤的口感外，取代人工煙燻香氣的大麥天然香味與調味，更使其擁有許多忠實的酒迷。「特拉莫爾露12年」使用以波本桶與雪莉桶熟成十二年以上的原酒調和而成，平衡感佳且複雜的香氣與優良的雪莉桶甜味更增添了酒質的豐潤深度，綿長深長的尾韻更令人回味無窮。

TASTING Note

特拉莫爾露12年麥芽威士忌

700ml・40%（特拉莫爾露）

色澤	偏淡的紅茶色。
香氣	天然的化妝水香氣，如麥芽、穀類的甘甜香味，及些微的柳橙汁香味。
風味	如濃度適中的化妝水般，輕盈微甘，酒精感顯著。有著樹木的沈香與奶油霜的滋味。
整體印象	與香氣及其風味雷同，尾韻中則帶有木桶沈香與些許甜味。水感較重。

DATA

製造廠商	特拉莫爾露酒廠（Tullamore Dew）
設立年份	1829年
產　　地	Midleton, county Cork（愛爾蘭）

LINE UP

特拉莫爾露（700ml・40%）

斯佩塞特篇

在悠緩的美麗溪谷中醞釀的各款美酒

「應許之地」賦予的魅力

飛車馳騁在蘇格蘭高地上，高低起伏、荒涼廣大的景致一點一點地奪人心神。好不容易延A95號公路往東北進入斯佩塞特，瞬間柳暗花明，美妙的風光讓人不知自己身在何方。對於喜歡威士忌的人來說，斯佩塞特是一個特別的地方，這裡被悠緩的溪谷、丘陵和自然環境所包圍，相當漂亮。

斯佩塞特（Speyside）地如其名，就是以「Spey河沿岸」為中心的區域。西邊到芬德霍恩河（Findhorn）河畔的霍睿斯（Forres），東界則是德弗倫（Deveron）流域的亨特里（Huntly），南邊以Grantown-on-Spey為基準，大約是以這些點之間的連線包圍起來的範圍（參照第124頁的地圖）。

雖然這是蘇格蘭高地中相當狹小的一個區域，但是全蘇格蘭的蒸餾廠有半數集中在這裡，大約有五十間左右。更重要的是，斯佩塞特出產許多美酒。

若是要概略描述斯佩塞特麥芽威士忌的特徵，那就是香氣濃郁高雅；除了讓人感受到花香、果香和奶油味之外，也帶著淡淡的煙燻味，複雜，但又平衡。當然，每種麥芽威士忌各有各的特性，感受各款酒之間的香氣差異也是樂趣無窮。

為什麼斯佩塞特能夠孕育出這樣的酒呢？關鍵就在於這裡擁有純淨的軟水。斯佩塞特周遭山脈盤踞，溶解的雪水穿越泥煤和石楠花覆蓋的大地流進這塊土地。這種穿透花崗岩面的水是典型的軟水，而且在流動過程中，更封存了泥煤和石楠花的濃厚香氣。很多人都說這水是斯佩塞特風味不可或缺的一部分，不過當然不僅如此，烘烤麥芽和蒸餾時所使用的泥煤燃料，還有大麥原料都一同塑造了這裡的味道。

❶在悠緩的環境中，達夫鎮的百富蒸餾廠彷彿藏身在高低起伏的田野間，這是非常典型的斯佩塞特風光。

❷斯佩塞特有非常多的麥田。其中莫瑞灣（Moray）沿岸是大麥的重要產地。收割期結束之後，農人們會把麥穗之外的部分像圖中這樣捲成筒狀並塞進袋中做成天然堆肥。

❸斯佩河發源自格蘭坪山脈（Grampian），全長約一百五十公里，是蘇格蘭第二大河，非常蜿蜒曲折地注入莫瑞灣，水流湍急。

❹雖然河水非常清澈，不過因為帶有泥煤，所以看起來偏黑。這一帶所有注入這條河的水源都是斯佩塞特麥芽威士忌的「Mother Water」。

4
3

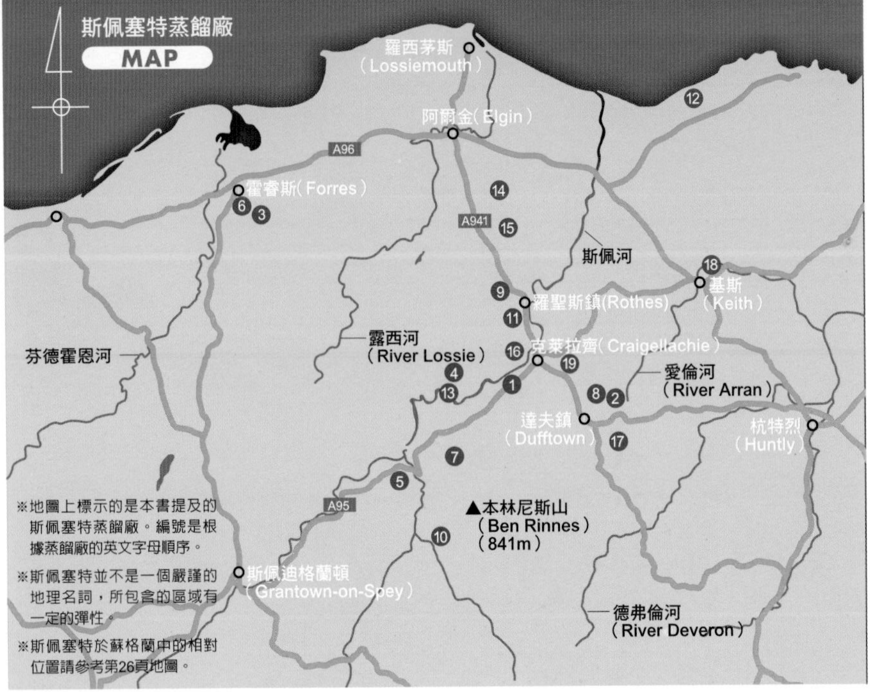

❶亞伯樂蒸餾廠／Aberlour
❷百富蒸餾廠／Balvenie
❸本諾曼克蒸餾廠／Benromach
❹卡杜蒸餾廠／Cardhu
❺克萊根摩蒸餾廠／Cragganmore
❻達拉斯頓蒸餾廠／Dallas Dhu
❼格蘭花格蒸餾廠／Glenfarclas
❽格蘭菲迪蒸餾廠／Glenfiddich
❾格蘭冠蒸餾廠／Glen Grant
❿格蘭利威蒸餾廠／The Glenlivet
⓫格蘭露斯蒸餾廠／Glenrothe
⓬鷹馳高爾蒸餾廠／Inchgower
⓭諾康杜蒸餾廠／Knockando
⓮林可伍德蒸餾廠／Linkwood
⓯朗摩恩蒸餾廠／Longmorn
⓰麥卡倫蒸餾廠／The Macallan
⓱莫特拉克蒸餾廠／Mortlach
⓲斯特賽拉蒸餾廠／Strathisla
⓳斯佩塞特桶業／Speyside Cooperage

十八世紀，為了反抗英格蘭政府施加的重稅，威士忌製造者們一起逃亡到深山或偏遠地區，最終挑選這塊土地，認為這裡是最適合私釀的地方，完全沒有料到將來這裡會成為威士忌的應許之地。此外，為了逃避稅務官的法眼，在這段地下化的時期，他們把威士忌藏在雪利酒的空桶中，結果使威士忌產生更美妙的變化。威士忌自此獲得了琥珀的顏色。

斯佩河是釣鮭魚的著名急流，在原始的自然風光當中，溪流清澈得令人驚艷，帶著泥煤略呈黑色的溪水也讓人印象深刻。這裡環境幽靜，若是仔細留意閒逸的山間風景的話，思緒就會自然而然地延展，思考流進這裡的水，思考水中蘊藏的眾多氣味。斯佩塞特的美酒，包含了歷史的傳承、自然的恩澤，還有對當地美酒引以為傲的人們的思緒，把威士忌的魅力推展到想像的邊界。

這班車的名字叫「Spirit of Speyside（斯佩塞特精神號）」，於達夫鎮與基斯之間奔馳，現在只在夏天擔任觀光列車。雖然現在鐵路已經消亡，但斯佩塞特的發展曾經相當依賴它。

格蘭花格蒸餾廠

❶鋪石、泥土地，架上兩根木條堆疊的貨墊方式……，除了裝設電燈之外，在這一百五十年當中絲毫沒改變的傳統熟成庫房中，五〇年代裝桶的麥芽威士忌至今仍一一沉睡著。

❷引領我們參觀熟成庫房的是釀酒經理約翰・米勒（John Miller）先生。他從一九七八年擔任木桶工匠時開始摸索熟悉所有製造流程，現為格蘭花格的熟成負責人。

GLENFARCLAS DISTILLERY

直接烘烤、講究的雪利酒桶「製法」完全沒變

❷

為數衆多的斯佩塞特麥芽威士忌中，格蘭花格（Glenfarclas）經常獲得很高的評價。細緻釀造的酒體中，帶著雪利酒的甘甜，還有果乾香與淡淡的煙燻味，複雜而滑順。

另一方面，他們也是現在極少數由家族經營的獨立蒸餾廠之一，沿襲講究的傳統技法，並且為自己的風味感到自豪。自從一八六五年以來，這個蒸餾廠就由格蘭家族（Grant）負責經營，現任總裁約翰・格蘭（John Grant）是第五代。

 各蒸餾廠的資訊請見第226頁

❶讓人感覺時間凝結的熟成庫房外觀。染色般附著在石壁上的黴斑，透露出適合熟成、濕氣適中的訊息。

❷格蘭花格的產品陣容以基本款來說有「10年」、「12年」、「15年」、「21年」、「25年」、「30年」、「105原桶」等，涵括的範圍很廣。二〇〇六年的產品包裝煥然一新，是相當棒的設計！

❸現任總裁約翰・格蘭是經營格蘭花格的格蘭家第五代。他的兒子喬治・格蘭（George Grant）目前擔任品牌大使。

在各種講究的手續當中，最具特色的就是以火焰直接烘烤的蒸餾器。在斯佩塞特最大的球型蒸餾器當中，裝設了攪拌器（請參考圖❺）的裝置。

「事實上，採用火焰直接烘烤的方式，平常的維護比較麻煩，不是很有效率，燃料的消耗也很大。不過，我並不想冒險嘗試可能會讓酒產生劇烈變化的做法。我們蒸餾廠的責任在於利用和過去一樣的做法製造相同的味道。」

行銷總監羅伯特・瑞森（Robert Ransom）告訴我們這些，並非因為他們對於接受新事物躊躇不前；事實上，他們在七〇年代就曾進行過為期數個月的蒸氣間接烘烤測試，結果發現成品品質出現巨大的落差。

除此之外，格蘭花格也以使用優質雪莉桶審慎進行熟成程序聞名。原酒有二分之一注入雪莉桶，二分之一注入橡木桶。雪莉酒桶是採用二~二年半，盛裝過Oloroso雪利酒的新鮮空桶，而且由每一代總裁親自挑選。

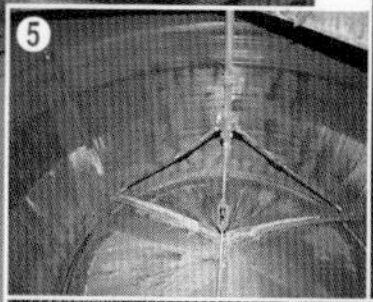

現任總裁約翰・格蘭表示，「西班牙的塞維利亞自古以來就有製造優質木桶的小型公司。所謂的優質木桶，首要條件是外觀好看、厚度扎實，而且做工還要精細。最重要的是——香味要非常棒。好的雪莉酒桶非常貴，我們之所以這麼挑剔，就是希望能夠維持整體的品質。」

熟成庫房以鋪石、泥土地、不超過三層的貨墊方式布置，極為傳統。這些裝桶的原酒就沉眠在熟成庫房當中，慢慢成為格蘭花格。從上一代（六〇年代）開始，格蘭花格對於單一麥芽威士忌更加講究，至今已歷經四十年。一九五二年之後，每一年的麥芽威士忌品質都相當良好，今後也有以經典酒款或單一酒桶的方式發售的計畫。蒸餾廠背後寬廣的丘陵朝本林尼斯山（Ben Rinnes）延伸，美景令人心曠神怡，尚未問世的極品就沉睡在此。這些格蘭花格的美味令人覺得絕對不可錯過。

❹粉碎的麥芽就像這樣過篩，碾碎的粗細程度會用麥皮（Husk）、麥粉（Flour）、碎麥粒（Grist）這三階段的比例來判定。為了讓糖化過程更有效率，這個比例經常會保持恆定。

❺蒸餾器內部會用金屬製的鎖鍊連接迴轉的攪拌器手臂。設計這個裝置是為了避免受火焰直接烘烤的麥芽燒焦。

❻糖化桶是不銹鋼作的，直徑十公尺，擁有十六噸半的超大容量。從來沒見過其他裝置可以與此相提並論。

❼斯佩塞特最大型的傳統式瓦斯火焰烘烤蒸餾器。高聳的管線和球形的頸部可以促進蒸氣迴流，這樣就能夠「提煉出更純淨、口感滑順的酒液」。

❽熟成庫房前延伸的兩條軌道是為了滾動木桶而設的，所有的木桶都是利用人力搬運。

❾從蒸餾廠背後可以眺望本林尼斯山，調和用水就從該處流洩下來。蒸餾廠內部特別為此設置了一個儲水池，水質是透明度很高的純淨軟水。

斯佩塞特桶業

SPEYSIDE COOPERAGE

火焰和鐵槌劈啪作響 熟練的專業工藝

❶桶匠是以生產量的制度進行工作。他們的行動充滿活力，讓人感覺好像只要稍不留神就有可能會被他們颳起的風吹跑而受傷，可說是魄力十足。

❷令人震撼的木桶金字塔。雖然有波本桶、重組酒桶、雪莉桶、邦穹桶等各式各樣的木桶，不過這邊有90%都是波本桶。從美國密蘇里、肯德基、田納西等地引進的美國橡木桶非常多。

若是有機會走訪斯佩塞特，最推薦大家順道拜訪的地方就是斯佩塞特桶業。木桶工廠位於克萊拉齊（Craigellachie），在斯佩塞特正中央；這邊不但設有旅客服務中心，還可以參觀相當難得一見的木桶製作過程。

木桶對於威士忌的生產過程來說，可以說是扮演著舉足輕重的角色。

❸這是製作木桶（用高熱燒烤木桶內側的作業手續）的高潮場面。在製造木桶的過程中，會使用蒸氣或火焰來做加熱處理，一方面是為了彎曲橡木，以方便加工；另一方面則是希望能夠提出木桶本身的味道，使其更容易滲入威士忌當中。

❹手藝精湛的師傅工作起來魄力十足。他正迅速確實地鋪上木板，並塞入蘆葦做包裝。

❸

使用什麼樣的木桶、在哪裡、用什麼樣的方式儲藏，這些儲藏、熟成的處理方式可以說決定了威士忌一半的品質。即使有人大致掌握了木桶種類的知識，但是了解「這些木桶究竟經歷什麼樣的組裝過程，又是如何成形完工？」的人卻出奇的稀少。

事實上，如果大家親眼目睹組裝過程，以及動作俐落的桶匠們展現的熟練技巧，一定會為他們顯露的魄力而感動，同時感受到木桶這種東西其實是人類創造出來的一種藝術品，明白木桶是多麼優秀的一種發明。如果要再更進一步，可以把興趣延伸到製作原料的橡木上，這樣對於威士忌熟成的奧祕，又會有更深入的認識。

一九四七年，泰勒家族（Taylor）創立了斯佩塞特桶業，現在已經傳到第二代。這裡採用美國肯塔基進口的波本桶為主要材料，每年大約會修繕、製作十萬個左右的木桶。如果能夠親自身歷其境、做一趟威士忌巡禮，一定會有更深的體會。

❹

第3章

日本威士忌

Japanese Whisky

Japanese Whisky

日本威士忌的基礎知識

1

何謂日本威士忌？

以蘇格蘭威士忌為根本，創造出精緻而匠心獨具的日本風格

各大酒廠均擁有豐富多變的原酒為日本威士忌的特色

真正的日本國產威士忌是在一九二九年，由三得利公司（Suntory）的前身壽屋所推出的「白札」為發端，而負責製造生產的則是曾在蘇格蘭學習威士忌製造方式的日本尼卡（Nikka）威士忌創辦人竹鶴政孝。由此可知，日本威士忌最早的範本即是來自於蘇格蘭威士忌。

日本威士忌的種類仍可大致分為以大麥麥芽為原料、使用單式蒸餾器經二次蒸餾製成的麥芽威士忌，以及加入使用玉米等穀類製成的穀類威士忌加以調和而成的調和式威士忌等兩種。

日本威士忌的口感雖近似蘇格蘭威士忌，但為了迎合日本人的口味，便刻意將嗆鼻的煙燻味從威士忌中除去，而且日本威士忌的酒質淡穩溫和，即使加水稀釋也不會破壞風味。再搭配日本得天獨厚的優質水源與氣候、土壤，造就出滋味別具一格的日本威士忌。

如今日本當地主要的蒸餾廠共計有六間，釀酒大廠三得利與尼卡威士忌各擁有兩間，而美露香企業（Mercian）與麒麟企業（Kirin）則各擁有一間。

從數目上來看雖然略少，但日本各大廠均會自行生產種類各異的原酒並進行調和作業，此為日本威士忌的一大特徵。另外，由於每家廠商都各自擁有特色鮮明的原酒，因此，所推出的威士忌滋味自然也是各有千秋。

近年來，尼卡威士忌所推出的「余市10年單一麥芽威士忌」與三得利推出的「響30年」均成功地擊退在世界具有代表性的蘇格蘭威士忌，在全球性評選中獲得頂級的殊榮。這也意味著威士忌界對於日本威士忌的評價正逐年提升。

日本威士忌的主要蒸餾廠

尼卡威士忌余市蒸餾廠

北海道余市郡余市町黑川町7-6
☎0135-23-3131　工廠可自由參觀
http://www.nikka.com/know/yoichi

美露香輕井澤蒸餾廠

長野縣北佐久郡御代田町大字馬瀨口1795-2
☎0267-32-2006　工廠可自由參觀
http://www.mercian.co.jp/karuizawa/

尼卡威士忌宮城峽蒸餾廠

宮城縣仙台市青葉區尼卡1番地
☎022-395-2865　工廠可自由參觀
http://www.nikka.com/know/miyagikyou/

三得利白州蒸餾廠

山梨縣北杜市白州町鳥原2913-1
☎0551-35-2211　工廠可自由參觀
http://www.suntory.co.jp/whisky/factory/hakushu/guide/

麒麟富士御殿場蒸餾廠

静岡縣御殿場市柴怒田970番地
☎0550-89-4909　工廠可自由參觀
http://www.kirin.co.jp/brands/sw/gotemba

三得利山崎蒸餾廠

大阪府三島郡島本町山崎5-2-1
☎075-962-1423　工廠可自由參觀
http://www.suntory.co.jp/whisky/factory/yamazaki/guide/

日本威士忌的種類

麥芽威士忌

以大麥麥芽為原料，使用單式蒸餾器施以二次蒸餾而成。而利用橡木桶熟成的方式則與蘇格蘭威士忌相同。雖然泥煤香氣較蘇格蘭威士忌淡薄許多，但相對地也較容易入喉。

調和式威士忌

將麥芽威士忌與使用玉米等作為原料製成的穀類威士忌加以調和而成。整體來看，日本調和式威士忌較蘇格蘭威士忌淡穩而香醇，口感也更加細緻溫和。

2 日本威士忌的誕生歷史

從兩位年輕人的熱情與兩間蒸餾廠開始起步的道地日本威士忌

在威士忌發源地蘇格蘭習得的威士忌製造方法

根據記載，最早在日本以販售為目的而引進威士忌是在一八七一年（明治四年）。之後沒有多久，便開始輸入酒精作為原料，並在日本國內仿製威士忌。而真正的日本國產威士忌的誕生則與此時期相隔了半世紀之久。

第一款日本國產威士忌之所以能夠順利誕生，其實歸功於兩位極為重要的推手。其中一位是後來尼卡威士忌的創辦人竹鶴政孝，另外一位則是壽屋（現今的三得利公司）的創辦人鳥井信治郎。

竹鶴先生出生於廣島的釀酒世家，在大阪高工專攻釀酒學，畢業後進入當時赫赫有名的釀酒公司攝津造酒服務。一九一八年，他以個人留學的身分被派往蘇格蘭，並開始在當地學習威士忌的製造方式。經過了約二年的留學生涯後，當初以旁聽生身分進入的格拉斯哥大學（University of Glasgow）所提供的課程已無法令他滿足，於是他便轉往蒸餾廠聚集的蘇格蘭高地區，並在當地實際參與造酒作業。除了學習製造流程與技術外，包括各種機具的材質與構造等細節，竹鶴都會鉅細靡遺地記錄在自己的筆記本上。順帶一提，他所實習的蒸餾廠是位於斯佩塞特的朗摩恩（Longmore）蒸餾廠與位於坎貝爾鎮的哈索本（Hazelburn）蒸餾廠。

第一支純日本國產威士忌在眾人期盼下於一九二九年揭開神祕面紗

當竹鶴學成歸國時，卻碰上攝津造酒因不景氣的衝擊而財力耗竭的嚴酷情況，使得他製造第一支純國產威士忌的計畫化為泡影，他本身所承受的打擊自是不在話下。然而，就在此時，另一位關鍵人物，也就是創辦壽屋的鳥井信治郎主

親臨蒸餾廠參觀見習

如果有機會的話，希望有志學習造酒或對威士忌有興趣的朋友們都能親自到日本的蒸餾廠參觀。就如第133頁中所介紹的，日本各大主要蒸餾廠基本上都能開放參觀見習。余市、御殿場、甲斐駒之岳（白州）……等蒸餾廠，均是建於得天獨厚的自然環境之中，只要到當地就能感受到那令人全身舒暢的氛圍，即使只是前往觀光也能充分享受箇中樂趣。另外，威士忌博物館與餐廳、美術館等常會與蒸餾廠合併設置，且多數的製造過程也都有提供導覽服務，有些蒸餾廠中甚至還設有試喝區，提供參訪者淺嚐各種酒款。此外，實地探訪蒸餾廠，更能夠將僅在蒸餾廠內販售的威士忌一網打盡。關於參訪資訊均可在各大蒸餾廠的網站上查詢到更詳細的介紹。

動地前來拜訪竹鶴，並邀其進入自己的公司共謀大業。此時的壽屋正處於赤玉紅酒步上銷售軌道之時，公司也有意投入國產威士忌的開發。

鳥井為尋找適於建造蒸餾廠的土地而踏遍全國，終於決定在京都西南方的名水之地山崎設立蒸餾廠，並任命竹鶴擔任廠長。此外，他還將蒸餾廠的設計、營建乃至於生產威士忌的作業全權託付給竹鶴。而竹鶴也不負所託，終於在一九二四年落成今日著名的山崎蒸餾廠，並在五年之後，也就是一九二九年時，成功開發出日本第一支日本國產威士忌「白札」。

與蘇格蘭當地幾乎如出一轍的蒸餾廠

曾經共同創業的兩人在最後仍選擇了分道揚鑣。一九三四年，竹鶴自立門戶，在北海道的余市開創了大日本果汁企業（後來成為今日的尼卡威士忌）。為了傾盡所學製造出理想中的威士忌，竹鶴在環境氣候都與蘇格蘭雷同的北海道余市建造了一間心目中的蒸餾廠。此外，考慮到威士忌從研發到上市須等待一段不算短的時間，竹鶴便以當時的主力商品果汁為公司名稱，取名為「日果」。（譯註：日果即大日本果汁的簡稱，在日文中「日果」與「尼卡」的發音也相同。）

為了開發出理想的國產威士忌，竹鶴追求忠於蘇格蘭威士忌的製法，而鳥井則是以製造融合日本風土與能滿足消費者味蕾的酒類為目標。在一九三七年，壽屋率先推出了「三得利角瓶」，可說是第一支人氣國產酒。三年之後，也就是一九四〇年，余市蒸餾廠也跟著推出了第一支威士忌「Rare Old Nikka Whisky」。爾後兩款威士忌各自經歷了多項改造與創新，原本不被接受的缺點逐漸消失，終於成為今日各具特色的知名日本威士忌。

日本威士忌誕生歷程之重要記事

1918（大正7年）	竹鶴政孝前往蘇格蘭留學（～1920）。 於朗摩恩蒸餾廠與哈索本蒸餾廠實地學習製造威士忌的技術與設備的相關知識。
1923（大正12年）	日本第一間麥芽威士忌蒸餾廠山崎蒸餾廠開始動工。 壽屋社長鳥井信治郎延攬竹鶴政孝進入公司，並將蒸餾廠的設計與建築指揮權全權交付給竹鶴。蒸餾廠於翌年竣工並開始蒸餾作業。
1929（昭和4年）	首支日本國產威士忌「白札」問世。
1934（昭和9年）	竹鶴政孝於北海道的余市創立大日本果汁企業（即今日的尼卡威士忌）。
1955（昭和30年）	大黑葡萄酒（今日的美露香企業）創立輕井澤蒸餾廠。
1972（昭和47年）	麒麟SEAGRAM（今麒麟釀酒廠）成立。

日本威士忌・酒款型錄

Japanese Whisky Catalog

YAMAZAKI

山崎

精選圓潤成熟的良質大麥，創造出極致的單一麥芽威士忌

山崎為日本威士忌發源地。三得利創辦人鳥井信治郎為製造出真正的威士忌，走遍日本尋找適合建造蒸餾廠的環境，最後擄獲他的心的便是此塊寶地。一九二三年，山崎蒸餾廠蒸餾出日本第一瓶麥芽威士忌，並從此開啓了日本威士忌的歷史。山崎是個被霧氣與竹林所包圍的名水之地，千利休（原名千宗易，為日本茶道千家始祖，被尊為茶聖）也曾在此處築立茶室。而為紀念企業旗下的蒸餾廠竣工六十週年所發行的「山崎12年」也在一九八四年堂堂問世。從木桶中取出的熟成年份超過十二年的威士忌，均是以嚴選麥芽為原料製造，加上木桶沈香與適中的煙燻香氣所組成的圓融甘甜，使山崎威士忌具有超凡的滋味。「山崎18年」與「山崎25年」均是以經雪莉桶長時間熟成的極品麥芽原酒調和而成，擁有充滿特色的熟成芳香與沈厚穩實的風味，請務必細細品嚐一番。

TASTING Note

山崎12年單一麥芽威士忌

750ml・43%

色澤	淡金色，淡淡的紅茶色。
香氣	有著水果般的甘甜香氣。如香蕉、成熟果實、葡萄乾、水果蛋糕般的香味，以及些許肥皂味與木材切面散發出的沈香。
風味	水果味明顯，有著如香蕉、黑糖蜜、香草般的風味。另帶有檸檬皮般的苦澀。
整體印象	整體風味偏甘醇，適合作為餐後酒飲用。有著如鳳梨般的酸甜尾韻。

DATA

製造廠商	三得利股份有限公司
上市年份	1984年
蒸餾廠	三得利山崎蒸餾廠

LINE UP

- 山崎10年單一麥芽威士忌（700ml・40%）
- 山崎18年單一麥芽威士忌（750ml・43%）
- 山崎25年單一麥芽威士忌（700ml・43%）

HAKUSHU

白州

來自名水與密林環繞的隱蔽蒸餾廠，具備輕盈淡雅的香氣與滋味

山崎蒸餾廠開業五十年後（即一九七三年），三得利企業在南阿爾卑斯山甲斐駒岳的白州峽建立了另一間白州蒸餾廠。白州有著佔地廣闊的森林，經由覆蓋著甲斐駒之嶽的花崗岩過濾過的清澈水源，更使此地所產的威士忌擁有名水的加持。製造原酒時會加入此優質良水，並放置在高峻涼爽的森林中待其熟成。發酵槽中使用的是老舊木桶，並以直頭型蒸餾器緩慢、仔細地蒸餾。在耗時與精巧的作工下誕生的白州麥芽威士忌，除了擁有纖細輕盈的口感外，還帶著森林嫩葉與柑橘類的清新香氣，清淡適中的煙燻風味更叫人沉迷陶醉。「白州10年單一純麥威士忌」具備適度的厚重感，且摻雜了水果香氣與冷冽的滋味。而經由白橡木桶長期熟成的「白州12年」，則有著清爽的稔熟木香與淡薄的煙燻香氣。在複雜多變的香味繚繞下，使白州威士忌的整體風味更具深度。

DATA

製造廠商	三得利股份有限公司
上市年份	1994年
蒸餾廠	三得利白州蒸餾廠

LINE UP

- 白州10年單一麥芽威士忌（700ml・40%）
- 白州18年單一麥芽威士忌（700ml・43%）

TASTING Note

白州12年單一麥芽威士忌

700ml・43%

色澤	偏淡的烘焙茶色、鐵觀音茶色。
香氣	如森林裡的芬多精或梨子的香氣，以及似橙皮的苦澀味。另有些許煙燻香氣與鰹魚高湯香味，容易引發食欲。
風味	初熟的水果、通草滋味與鮮魚般的風味。
整體印象	有如高湯般的風味。清淡卻滋味十足，加上樹木香氣與新芽的芳香，相當適合作為餐前酒飲用。純飲為佳。

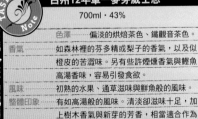

HOKUTO

北杜

追求易於入喉的暢快感受，因而誕生了廣受喜愛的純麥威士忌

北杜12年是於二〇〇四年六月發售的純麥威士忌。酒款名稱源自白州蒸餾廠的所在地地名，也就是以白州町經市鎮合併後所誕生的北杜市來命名。而「杜」所指的是薔薇科屬的果樹「山梨」，同時也是日本山梨縣的名稱由來。以任何人均能輕鬆飲用為造酒宗旨的北杜威士忌，極講究整體風味的清爽順喉。此酒款是從白州蒸餾廠儲藏的八十多萬桶各類麥芽原酒中嚴選出所需的主要原酒，再從山崎蒸餾廠中精選口感柔和的麥芽原酒加以調和製成，再搭配上特製的竹炭過濾法去除雜味，方能製成如此甘甜順口的酒質。由於所使用的均是熟成時間超過十二年的麥芽原酒，因此使得酒液擁有圓潤而芳醇的絕妙滋味。

TASTING Note

北杜12年純麥威士忌

660ml・40%

色澤	淡柳橙糖色、淡金黃色。
香氣	近似舊式的糖果芳香、帶水果香味的橡皮擦、檸檬皮等。
風味	如初熟香蕉、蘿蔔般的滋味。另有些許小麥滋味，有些近似雜貨店裡的口香糖味。
整體印象	將酒液嚥入後能感受到些微燻香，尾韻則帶有適度的熟成感，即使搭配餐點飲用也不突兀，順暢口感令人欲罷不能。

DATA

製造廠商	三得利股份有限公司
上市年份	2004年
蒸餾廠	三得利白州蒸餾廠＋三得利三崎蒸餾廠

LINE UP

北杜505純麥威士忌（600ml・50%）

HIBIKI

響

世界公認的頂級調和式威士忌，具深度的風味與濃醇的甜味領先群倫

「響」是在一九八九年，三得利企業為紀念創業九十週年，憑藉多年信心與技術所製造的頂級調和式威士忌。嚴選三十多種酒齡超過十七年（平均十九年）的長期熟成麥芽原酒，再與同樣經過十七年以上熟成的穀類原酒調和製成。在後期熟成時投注了相當長的時間，因此才能夠創造出深度十足的絕佳風味，而這也是日本威士忌擁有無可比擬的豐富原酒庫的最好證明。響威士忌滋味複雜多變卻擁有絕妙的平衡感，隨著時間經過會呈現嶄新風貌，濃厚與成熟的甜味加上沉長的尾韻均是響的特色所在。「響21年」是以山崎白橡木桶二十二年熟成原酒為主原料調和而成：「響30年」更是汲取堪稱熟成極品的三十二年原酒為中心製成，是每年僅生產兩千瓶的限定珍品。其高級滋味必能使你感受到有如聆聽華麗交響樂般的美妙體驗。

DATA

製造廠商	三得利股份有限公司
上市年份	1989年
蒸餾廠	山崎蒸餾廠＋白州蒸餾廠＋知多蒸餾廠（穀類）

LINE UP

響50.5（700ml・50.0〜50.9%）
響21年（700ml・43%）
響30年（700ml・43%）

TASTING Note

響17年

700ml・43%

色澤	琥珀色。
香氣	近似萊姆葡萄，另有些許接著劑般的氣味。偏甜，如香草，又有著如木材或檸檬皮的澀香。細聞能嗅到細粉般的香氣。
風味	柔潤的口感會在口中蔓延開來，微甜，有木材般的風味，但各種滋味間有著適度的平衡。帶有橘子般的清爽酸味。有澱粉般的粗糙感。
整體印象	滋味偏清淡卻有著絕佳的平衡，純飲會比起稀釋或調酒來得美味。

YOICHI

余市

豐潤口感加上適度的煙燻風味，誕生於日本的道地蘇格蘭威士忌

余市蒸餾廠是尼卡威士忌創立者竹鶴政孝於一九三四年所設立。竹鶴在蘇格蘭習得威士忌的製法與相關知識後返回日本，並協助壽屋（今日的三得利）成立山崎蒸餾廠。然而，在追求理想威士忌的意志驅使下，竹鶴毅然決然地自立門戶，並在四處尋訪後終於找到了位於日本北海道，無論氣候或風土均與蘇格蘭類似的余市這塊理想土地。而口味不輸道地蘇格蘭威士忌的余市威士忌，所採用的麥芽原酒從創業至今始終如一，均是經過石炭直火小心地蒸餾後，在嚴酷的北地自然環境中熟成所得。酒質強烈且充滿男性陽剛風格為其特徵，豐富的滋味與與適度的煙燻香氣更是不在話下。「余市10年單一麥芽威士忌」擁有芳香柔醇的口感與多樣化的果香，而以單一酒桶創造出熟烈而圓潤的極優雅風味的「余市20年」更是具備了超群脫俗的滋味。

TASTING Note

余市12年單一麥芽威士忌

700ml・45%（10年）

色澤	淡烘焙茶色。
香氣	有著威士忌專屬的芳香，以及如膠合板及油紙般的木材氣味。開瓶一段時間後能聞到近似賀喜巧克力的香氣。
風味	近似高級口香糖、糖漿、軟糖、甜柿等食物的滋味。
整體印象	有著烤土司般的滋味與香味，另有著如杏仁豆腐般的香氣，尾韻持久而甜醇。

DATA

製造廠商	尼卡威士忌
上市年份	1989年
蒸餾廠	尼卡余市蒸餾廠

LINE UP

余市10年單一麥芽威士忌（700ml・45%）
余市15年單一麥芽威士忌（700ml・45%）
余市20年單一麥芽威士忌（700ml・52%）

MIYAGIKYO

宮城峽

追求與余市迥異的風格，細緻而柔和的風味獨樹一幟

尼卡威士忌在經過千挑萬選後，決定將第二間蒸餾廠設於仙台市郊外、接近山形縣的宮城峽。此處為廣瀨河與新川河的支流交會地，沉靜的自然環境與豐沛的清流構築出造酒的絕佳條件。宮城峽蒸餾廠於一九六九年竣工，所使用的並非麥芽威士忌專用的單式蒸餾器，而是穀類專用的科菲式連續式蒸餾器。此處所生產的原酒具備的獨特魅力，有別於滋味深沉厚實的蘇格蘭高地威士忌及纖細柔和的低地威士忌，品嚐「宮城峽單一麥芽威士忌」將可使你充分體認到其與眾不同的魅力。「宮城峽10年」調和清爽的麥芽香氣與酒桶的沈香，創造出帶甜味的柔潤風味。而提高熟成度所製的「宮城峽15年」，則帶著如可可與堅果般的的酒桶香氣與豐潤的熟成香味，足以帶給舌尖一場柔暢醇順的味覺饗宴。

DATA

製造廠商	尼卡威士忌
上市年份	1999年
蒸 餾 廠	尼卡宮城峽蒸餾廠

LINE UP

宮城峽10年單一麥芽威士忌（700ml・45%）
宮城峽15年單一麥芽威士忌（700ml・45%）

TASTING Note

宮城峽12年單一麥芽威士忌

700ml・45%（10年）

色澤	略偏淡烘焙茶色的金黃色。
香氣	起先飄著麝香，一段時間後會傳出近似山毛櫸或口香糖般的香氣。微甜卻嗆鼻。
風味	有著麥芽的甜味、肉桂與薄荷的滋味及些許苦味，甜味也類似口香糖及糖漿。
整體印象	酒質屬中間路線，帶有紅茶般的尾韻。麝香與哈密瓜般的香氣為其特色。

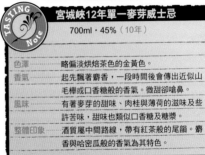

TAKETSURU

竹鶴

煙燻香氣搭配細緻的口感，將余市與宮城峽的特色完美結合

「竹鶴」系列是於二〇〇〇年發售的日本威士忌品牌。其名稱取自尼卡威士忌的創立者竹鶴政孝之名。竹鶴威士忌是以余市蒸餾廠及宮城峽蒸餾廠的長期熟成麥芽威士忌調和製成，其特色在於同時擁有余市威士忌的強烈煙燻風味與宮城峽威士忌的纖細滋味。此品牌已陸續發售了「竹鶴12年」、「竹鶴17年」、「竹鶴21年」等系列，並分別搭配芳醇、圓熟、至高等主題，讓酒客能從更廣泛的差異中享受品酒樂趣。「竹鶴12年」有著奢華高尚的形象，輕盈淡雅而易飲，清爽的尾韻更是令人回味再三；而同系列的「北海道12年」純麥威士忌則是以余市麥芽原酒為中心所創造出的強烈滋味。嘗試品嚐各種麥芽威士忌並感受調和滋味上的差異也是一大樂趣。

TASTING Note

竹鶴12年純麥威士忌

660ml・40%（純麥威士忌17年）

色澤	淡烘焙茶色。
香氣	略微苦澀的香氣，如中藥與大茴香。
風味	有著余市威士忌的韻味、芳香加上宮城峽威士忌華麗而多變的滋味，又添加了茴香的風味。另夾雜著些微的酸苦味。
整體印象	整體口味偏向辛辣嗆喉，如同葡萄柚般的尾韻令人回味無窮。

DATA

製造廠商	尼卡威士忌
上市年份	2000年
蒸 餾 廠	尼卡余市蒸餾廠+尼卡宮城峽蒸餾廠

LINE UP

竹鶴17年純麥威士忌（700ml・40%）
竹鶴21年純麥威士忌（700ml・43%）

TSURU

鶴

將麥芽的風味發揮至極限，為竹鶴政孝最後的傑作

賦予「鶴威士忌」高雅形象的便是以真鶴為範本所創造的高格調白磁瓶身（照片為細瓶裝）。本酒款為竹鶴政孝傾盡渾身技術與熱情所造出，堪稱尼卡威士忌之中最頂級的調和式威士忌。毫無保留地使用余市蒸餾廠與宮城峽蒸餾廠典藏十五年至二十年的麥芽原酒，並加入穀類威士忌進行調和，造就出這款兼具深沈麥芽風味與高級感、滋味絕妙平衡的「鶴威士忌」，能帶給品酒者如同飲用高級白蘭地般柔暢潤喉的口感，以及長期熟成所創出的細膩厚實風味。此酒款於一九七六年上市，當時竹鶴已屆八十三歲高齡，而此酒款也成為他最後的傑作。瓶身下方所刻的圖案擷取自日本元祿時代相當活躍的畫師尾形光琳的屏風畫作品「在竹林中玩耍的鶴」。繚繞著幽雅氣息的瓶身使其常被作為贈禮用的威士忌。

DATA

製造廠商	尼卡威士忌
上市年份	1976年
蒸 餾 廠	余市蒸餾廠＋宮城峽蒸餾廠

LINE UP

白瓷瓶裝（700ml・43%）

TASTING Note

鶴（細瓶裝）

700ml・43%

色澤	亮麗的金黃色。
香氣	樹木的沈香、如生奶油般的微甜香氣。
風味	滋味綿延的酒質會於舌尖繚繞不散，辣口的風味比甜味更加強烈。加水後能引出麥芽與穀類的風味。
整體印象	口感豐富而卻不失平衡感，不易膩。

KARUIZAWA

輕井澤

來自於輕井澤的小型蒸餾廠，堅持專屬風味的純麥威士忌

美露香企業的前身大黑葡萄酒企業是於一九五二年起加入麥芽威士忌的生產行列。早期將蒸餾廠設於鹽尻一地，之後為了追求更高品質的威士忌，便將蒸餾廠遷至輕井澤。輕井澤擁有從淺間山融解的雪水以及寒涼潮濕的氣候，是極適合生產威士忌的環境。在這樣得天獨厚的自然環境中，首款百分之百日本國產麥芽威士忌「輕井澤」終於在一九七六年問世。堅持選用蘇格蘭出產的黃金大麥，搭配雪莉桶及小型蒸餾器，在小規模的蒸餾廠持續少量地生產優質的麥芽原酒。花朵般的輕盈香氣與豐潤的熟成感造就了其鮮明的形象。目前系列酒款種類繁多，以酒齡最高的三十一年老酒為首，長期沈睡於輕井澤蒸餾廠的熟成原酒，每桶均散發出深醇奧妙的誘人風味。

TASTING Note

輕井澤單一麥芽威士忌15年

700ml・40%

色澤	偏淡的大吉嶺紅茶色。
香氣	葡萄乾、青蘋果般的香氣，夾帶著硫磺臭味、陰涼處的土壤味，但每種氣味均不明顯。
風味	有著雪莉桶（Oloroso Sherry Butts）的風味、覆盆子般的滋味及咬住香菸時感到的苦味，近似苔蘚的滋味。
整體印象	如雪茄麥芽酒，整體氣味會從令人懷舊的土臭味逐漸變為青蘋果般的滋味。另帶有些許硫磺味及苦味。

DATA

製造廠商	美露香股份有限公司
上市年份	1976年
蒸餾廠	輕井澤蒸餾廠

LINE UP

- 輕井澤Masters調和式威士忌10年（700ml・40%）
- 輕井澤純麥威士忌12年（700ml・40%）
- 輕井澤單一麥芽威士忌17年（700ml・40%）
- 輕井澤Vintage（須事先訂購・57～67%）

KIRIN WHISKY FUJISANROKU

麒麟威士忌富士山麓

二〇〇五年誕生的全新酒款，澄澈滋味令富士山的自然勝景躍於眼前

日本麒麟製酒公司的蒸餾廠設於富士山麓的御殿場。除了有流經山腰而得以受到過濾的天然雪水外，還有平均氣溫在一三°C左右的寒涼氣候加持，使得此處成為最適合建造蒸餾廠的土地。而該蒸餾廠製造威士忌也有其獨門絕學。為追求毫無雜味的酒質，僅留下蒸餾液中間品質良好的部分，熟成過程也特意選用小型木桶，使酒與木桶的接觸面積變大，藉此提升木桶傳至酒中的香氣濃度。「富士山麓」為二〇〇五年九月推出的全新品牌。「麒麟威士忌單一麥芽18年」有著柔順的口感及芳醇的香氣，入喉後更是尾韻猶存。而「麒麟威士忌樽熟50°」則是將單一蒸餾廠的麥芽原酒與穀類原酒加以調和，並在不流失原有香氣與風味的原則下所造出的高濃度酒款。品嚐此酒款將能讓你深刻地感受到原酒的特色與酒桶的熟醇香氣。

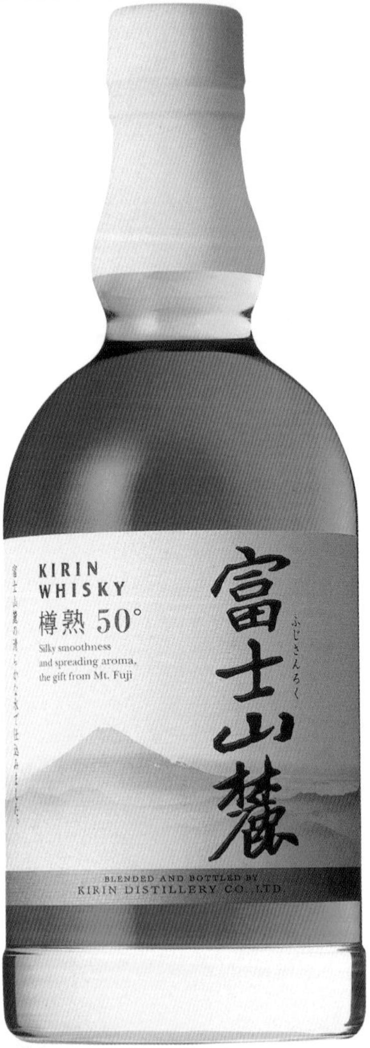

DATA

製造廠商	日本麒麟製酒公司
上市年份	2005年
蒸 餾 廠	富士御殿場蒸餾廠

LINE UP

麒麟威士忌富士山麓18年（700ml・43%）

TASTING Note

麒麟威士忌富士山麓樽熟50°

600ml・50%

色澤	略偏黃色的琥珀色。
香氣	有著如香蕉與果實般的芳香。
風味	如橘子果醬、小樹般的風味。另有著抹茶般的粉狀口感。
整體印象	甜味強烈，隱藏著樹木與柳橙般的芳香與滋味。飲用時不太會感受到50%的高酒精濃度。

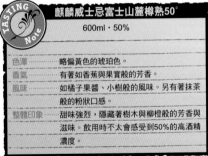

麒麟Evermore

品嚐該年份的極品威士忌「Years Best Blend」

麒麟Evermore是使用該年新取得的熟成二十一年以上的原酒所製成的「Years Best Blend」。以該年熟成至巔峰的原酒為主要原料，並採用能將威士忌的特色發揮到極致的方式加以調和，才能製造出唯有該年才能品嚐到的最高品質調和式威士忌，宛如將富士御殿場蒸餾廠獨具的「潔淨與香醇」（澄澈透明的滋味與醉人的香氣）的奢華感化為具體。此酒款在一九九九年首度推出，以二〇〇五年推出的第七款為此系列暫時畫下句點。而集大成的二〇〇五年麒麟Evermore，則是採用富士御殿場蒸餾廠創設時所調製的珍貴麥芽原酒加以調和而成，不僅具備如同熟透果實般的飽實香氣與柔順口感，在融潤而厚實的滋味奔潤過舌身後，複雜難辨的尾韻便會緊接著在口中蔓延開來。請試著比較麒麟Evermore每年各異的滋味與香氣，來享受品酒的樂趣吧。

TASTING Note

麒麟Evermore威士忌2005年份

700ml・40%（麒麟Evermore 2001）

色澤	偏淡的柑橘白毫色。
香氣	苦巧克力與木桶沈香，如木製家具及波本桶般的木材香氣，放置一段時間後會散發出如布丁般的香氣。
風味	如中藥、藥房般偏苦澀的滋味及波本酒的風味。
整體印象	有著穀類原酒的酒質及波本酒的風味。裸麥的滋味也相當顯著，整體而言熟成感明顯而香氣複雜。

DATA

製造廠商	日本麒麟製酒公司
上市年份	1999年
蒸餾廠	富士御殿場蒸餾廠

LINE UP

麒麟Evermore 2004（700ml・40%）
麒麟Evermore 2003（700ml・40%）
麒麟Evermore 2002（700ml・40%）
麒麟Evermore 2001（700ml・40%）
※ 1999與2000均已售完。

拓展日本威士忌可能性的日本特有桶材「水櫟」

若提到製造威士忌熟成用的木桶的材料，大家都知道北美的白橡木還有歐洲有柄橡木，然而，大家知道在日本還有一種日本獨有的桶材嗎？那就是以北海道為主要產地的「水櫟」。這種木材最初是作為橡木的緊急替代品來使用。二次大戰前後，因為進口桶材越來越困難，水櫟被當作替代品拿來加工製成威士忌酒桶，可是出現相當悲慘的結果。因為水櫟的填充體（Tyloses）含量很少，很容易滲漏，這讓桶匠非常頭痛。而且好不容易完成木桶、把威士忌裝進去之後，溶出的味道又太重，結果裝在水櫟桶中的原酒都帶著很濃的泥巴味。隨著時間流逝，某一天，當調酒師試著品嚐沉睡在倉庫角落的原酒時，發現這些酒在熟成過程中產生一股魅力獨具的香味，簡直就如同香木一樣；調酒師用沉香木、白檀、森林或杉木的香味來形容，認為它是非常纖細、典雅高尚的東方香味。其實這只是因為沈眠在水櫟桶中的威士忌需要三十~四十年才能熟成到顛峰狀態。事實上，三得利就以這種原酒為主題，創造出「響」這款產品。現在，他們又重新開始進行水櫟桶的釀造作業，可說是日本潛藏的未來可能性之一。

日本各地的「在地威士忌」也很值得注意，有機會請務必一試

日本各地都有小規模生產、算是當地特產的威士忌，譬如：歷史悠久、創立於一九四六年的東亞酒造就生產了「Golden Horse秩父」這款威士忌。除了自家公司蒸餾的酒款，也有並用進口蘇格蘭麥芽威士忌進行調和的各種酒款。我們在此介紹幾款，若有機會造訪當地，請務必一試。

Golden Horse
秩父單一麥芽威士忌
東亞酒造（700ml，43%）

White Oak Crown
江井ケ嶋酒造（750ml，43%）

Mars Maltage
駒ケ岳單一麥芽威士忌
本坊酒造（720ml，40%）

富士之精
モンデ酒造（760ml，43%）

年份標示有兩種，一起來認識標籤的意義吧！

對於威士忌而言，熟成年數相當重要。此外，或許大家已經注意到標籤上面標示的數字有兩種形式。

大多數的威士忌都寫成「～Years Old」或「Aged～Years」，這是關於熟成年數（酒齡）的標示。因為酒齡是以威士忌所含原酒當中最淺的年份來表示，所以，「10年」指的其實是「至少採用熟成10年以上的原酒裝瓶」的意思。

另一種熟成年數的標示方式是以年份來表示，如「1992」這數字是指威士忌的蒸餾年份。因為只用該年蒸餾的原酒裝瓶，所以不同年份的酒會有不同個性，飲用時和其他蒸餾年份的製品交相比較是一件相當有意思的事。通常裝瓶年份也會並列標示，所以可以倒推熟成的年數。

除此之外，酒標上還有酒精度數、容量等各式各樣的資訊。如果有機會的話，試著仔細全部瀏覽一遍會相當有趣。

正中央的「10 Years Old」指的是熟成年數。意思是使用熟成十年以上的麥芽原酒。

右邊的「1992」是採收年份（蒸餾年份）。上面用英文標示「DISTILLED IN 1992（蒸餾年份）」，下面則是「BOTTLED IN 2004」（於2004年裝瓶）。

試試看！

享受自己獨創的特調酒吧！

眾所周知，調和式威士忌是由好幾種麥芽威士忌和穀類威士忌混合的成果。雖然我們很難複製某種調和威士忌的味道，不過，如果自己手邊有幾種不同的單一麥芽威士忌的話，可以自己試著混合看看，調出屬於你個人獨一無二的「原創特調」。這種品酒方式很有意思。如果自己家中有好幾種酒，在家就可以嘗試看看；不過，如果有常跑的酒吧，也可以請他們試著幫你調和。「有時候因為好玩，偶爾也會這樣做」，抱持這種心態的調酒師不少。一般來說，各種調和威士忌採用的味道核心，我們稱之為Key Malt（各種調和威士忌採用的Key Malt不同）。如果大家能夠試著猜猜看也相當好玩。比方說，起瓦士Regal的核心是溫潤甘甜的史崔賽拉（第76頁），白馬的核心是煙燻味重的拉加維林（第42頁），但是結果卻呈現截然不同的風貌。如果幾位朋友一起聚會，大家交互猜測到底添加了什麼酒也很能炒熱氣氛。請大家務必試試！

單一麥芽威士忌巡禮

Part ③

坎貝爾鎮篇

❷

前往訴說歷史的昔日威士忌首都

透過不變的美酒，一邊緬懷過往時光一邊漫步

津泰爾半島（Kintyre）從蘇格蘭西南延伸入海，坎貝爾鎮（Campbeltown）則位於半島南端，位置有點偏遠，帶給人一種陸上孤島的印象。若想從格拉斯哥開車前往的話，必須要往北繞好大一圈才行，但喜歡威士忌的人還是希望一生至少能來此處拜訪一次。坎貝爾鎮在過去扮演了相當重要的角色，現在蒸餾廠雖然少了，依舊有幾家非常吸引人的廠商持續營運。

在船隻扮演重要運輸角色的年代這裡是交通要衝，雖然現在感覺那個時代已經離我們相當遙遠。這裡擁有天然良港，自然而然就變成了通往大西洋的窗口，成為漁業和貿易的據點。此外，附近有暖流經過，農產非常豐富，煤炭等資源也相當充實。

這裡很早就開始蒸餾威士忌，歷經十七~十八世紀的私釀時代後，十九世紀時酒業和漁業、造船業共同發展，這裡成為極為繁榮的「威士忌首都」。佬大

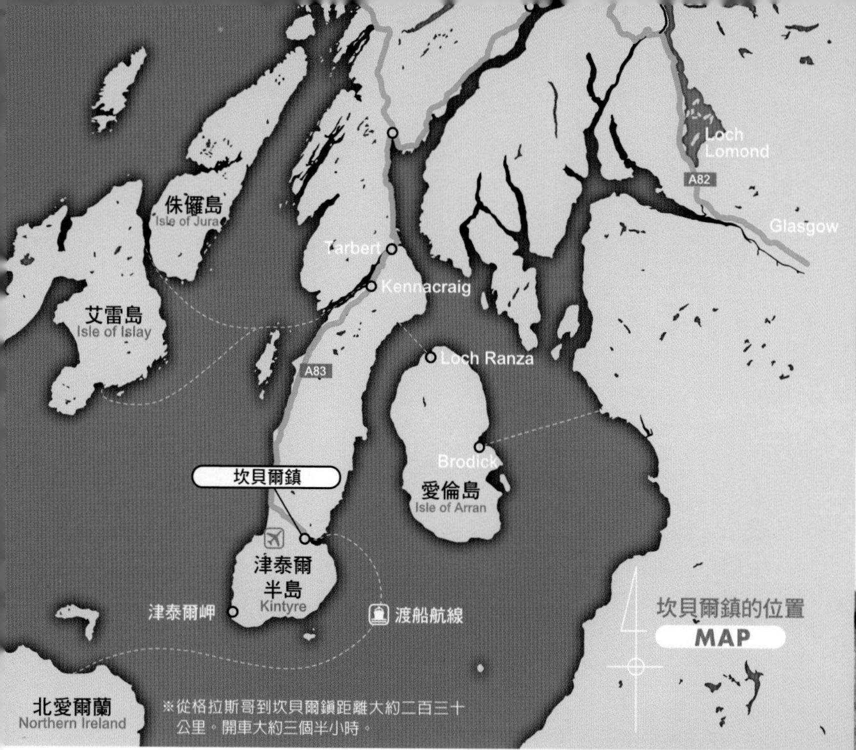

❶過去這裡是成列的蒸餾廠熟成庫房，現在則設置了雲頂蒸餾廠的裝瓶設備。在坎貝爾鎮的街景中，從蒸餾廠遺址轉變形式再利用的痕跡隨處可見。

❷坎貝爾鎮灣是一片寧靜的內海。港灣對面的高地上豪宅林立，那些都是過去以威士忌致富的人們所遺留下來的。

❸從坎貝爾鎮往南就是海風吹襲的悠閒風景。若是走到半島最南端津泰爾海岬的話，再過去就是北愛爾蘭了。兩岸直線距離不到二十公里。

的市場涵蓋了格拉斯哥、英格蘭及遙遠的美國。在極盛時期，至少有三十四間蒸餾廠在此成立。

然而，廿世紀之後這裡卻開始衰敗。增稅、美國禁酒法、第一次世界大戰、經濟恐慌都是影響原因。此外，為因應白蘭地的需求快速成長，產量擴大之後原料或煤炭供應卻無法跟上，成本也隨之提高。而最具決定性的就是坎貝爾鎮開始供應劣質威士忌給美國地下酒吧，這讓坎貝爾鎮麥芽威士忌的評價迅速下滑。

現在坎貝爾鎮的蒸餾廠包含最近復興的廠房在內總共只有三家。然而，威士忌的火種並沒有熄滅，美酒也依舊存在。我們一邊吹著海風，一面讓思緒徜徉在街景和歷史之間一面飲酒，旅程相當美好。

雲頂蒸餾廠

❶

❸

SPRINGBANK DISTILLERY

自行發芽，採行傳統的兩次半蒸餾
坎貝爾城的火種不會熄滅

坎貝爾城現在只有三間蒸餾廠：雲頂、葛蘭斯柯蒂雅（Glen Scotia），還有二〇〇四年剛藉雲頂之手復興的格蘭吉爾（Glengyle）。儘管如此，雲頂自

❶最左邊的是初餾器，右邊兩座則是再餾器。初次蒸餾器並用了石油火焰直接烘烤以及蒸氣線圈加熱兩種方式，相當少見。不同的麥芽威士忌會分別採用二次半蒸餾、二次蒸餾或三次蒸餾，不論是哪一種酒款，都是由這兩個蒸餾器分工製造出來的。

❷這個蒸餾廠有雲頂、朗格羅、哈索本三種不同特徵的麥芽威士忌。

❸中庭裡堆放的木桶。因為蒸餾廠距離碼頭很近，雲頂的酒也帶有坎貝爾城麥芽威士忌特有的鹽味。

❷

❹麥芽全以傳統的地板發芽方式製作。把大麥平均鋪上十幾公分厚，花上五～七天的時間讓它們在最適當的環境下發芽。

❺左邊是釀酒經理史都華．羅伯森先生，右邊則是擔任要職的法蘭克．麥克哈迪（Frank McHardy）先生。兩位都打從心底深愛自己創造的麥芽威士忌。

❻坎貝爾城的泥煤像黏土一樣非常細密。若和艾雷島的泥煤相比，它的特徵在於帶有潮氣又沒有油性。

❼燃燒泥煤的鍋爐。發芽的大麥會先在這裡藉由燃燒泥煤進行煙燻烘乾（除哈索本外）。依據麥芽威士忌的種類不同，烘烤時間也不同。

古以來就以它美妙的麥芽威士忌獲得極高評價，而且無庸置疑地，它是間相當重要的蒸餾廠。

這裡自一八二七年創業至今都是由米契爾家族（Mitchell）當家作主，在各個由家族持續獨立經營的蒸餾廠當中，雲頂是蘇格蘭最古老的一家。不僅如此，雲頂從設備到製造方法都和創業當初一模一樣，並且以此為傲。

「我們遵循傳統古法，才孕育出雲頂的獨特滋味。」釀酒經理史都華・羅伯森（Stewart Robertson）先生這麼表示，並且教我們認識二次半蒸餾的過程（參照第154頁）。過去談到坎貝爾城麥芽威士忌就是「厚實、油性、濃郁」，相對於此，因為雲頂採用這種蒸餾方法，才創造出「清爽甘甜，非常滑順，稍微帶點泥煤煙燻味」的滋味。

雲頂採用的麥芽全部都是以傳統的地板發芽（Floor Malting）方式自行生產，也擁有自己的裝瓶設備，所有製酒工程都在這裡進行一貫作業。這種工作模式即使環顧蘇格蘭也是獨一無二。因為講究品質才這樣做，希望能夠在自己可以承受的範圍之下控制所有因素。雲頂能夠在騷亂的坎貝爾城存活下來，也和這樣的行事風格有關。

「我們是用較長遠的眼光來看待品質這件事情。在最嚴苛的時代，光是選用高品質的原料就所費不貲，所以無法大量生產。不過正因如此，我們也不會生產過剩，可以保持量少質精的庫存。比方說，八十年前木桶不足，市面上流通的很多都是粗製濫造的產品，相反地，我們在木桶上投資了相當多的經費。」

有些事情只有在酒廠一貫作

雲頂威士忌 二次半蒸餾的進行流程

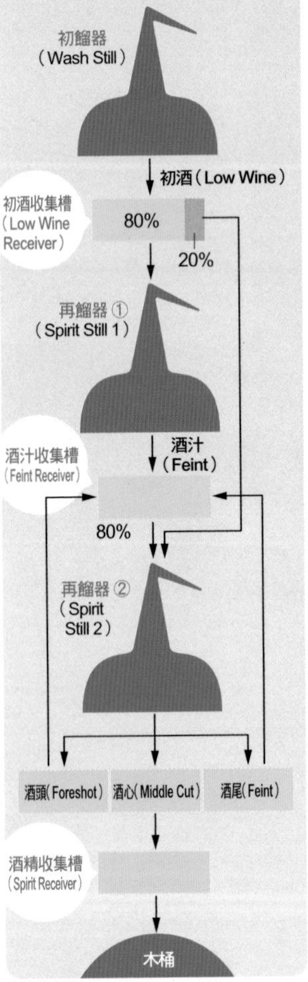

↑初餾器蒸餾過的初酒有八〇%會經再餾器①、再餾器②，進行二次蒸餾。殘餘的二〇%則會直接用再餾器②進行二次蒸餾。把這兩者合併就稱為二次半蒸餾。

關於「酒頭（Foreshot）」、「酒心（Middle Cut）」和「酒尾（Feint）」的介紹請參考第222頁。

❽用來碾碎麥芽的磨子從創業以來一直都用同一家廠商的產品。看起來歷史悠久，相當有魄力。

❾使用超過一個世紀以上的糖化桶（Mash Tun），是鑄鐵製、上開式的設計。裡面附有槳片式的攪拌機。

❿站在分酒箱（Spirit Safe）前的資深蒸餾師。他熟練的手法也是創造雲頂麥芽威士忌不可或缺的一環。

業之下才辦得到。雲頂能同時生產雲頂、朗格羅（Longrow）和哈索本（Hazelburn）三種截然不同的麥芽威士忌，就是靠這點。朗格羅採用濃厚的泥煤烘烤進行二次蒸餾，哈索本則是完全不用泥煤並採二次蒸餾。不用說，這麼做當然是「自己能接納的模式」。

除此之外，大麥、水、泥煤、煤炭等原料全都採用當地的產品，甚至在一九九九年創造出全世界第一款有機麥芽威士忌……，因為雲頂少量生產的關係，所有酒款都讓人心動不已，感覺酒窖裡永遠少一瓶。

第4章

品味威士忌

Enjoy a dream!

品味
威士忌
①

品味裝瓶廠威士忌

在單一麥芽威士忌中，除了由各蒸餾廠生產並裝瓶的「酒廠威士忌」之外，尚有另一種酒款種類豐富多變的「裝瓶廠威士忌」。如能深入瞭解當中的差異及樂趣，必能更加拓寬你對威士忌的認知。

與酒廠威士忌迥異的熟成年數及木桶特性

蘇格蘭單一麥芽威士忌共可分為「酒廠威士忌」（Offical Bottle）與「裝瓶廠威士忌」（Bottles Brand）兩種。

所謂「酒廠威士忌」是指由威士忌蒸餾廠或其所屬企業自行裝瓶並販售的酒款。在蘇格蘭當地，由於擁有裝瓶設備的蒸餾廠並不多見（目前僅有三處），因此，絕大多數的酒款均是於蒸餾廠母企業或公司所擁有的裝瓶工廠進行裝瓶作業。簡單來說，「酒廠威士忌」即是從製酒到上市為止所有過程全由蒸餾廠包辦的威士忌，因此又稱為「Distillery Bottling」（蒸餾廠威士忌）。

相對於酒廠威士忌，旗下無蒸餾廠的企業則向其他企業旗下的蒸餾廠購買整桶原酒，再於自家的熟成庫房儲存，最後利用企業內部的裝瓶設備裝瓶上市，這類業者則稱為「獨立裝瓶業者＝Independent Bottles」，而其所推出的酒款即稱為「Bottles Brand」。

原本蘇格蘭的調酒業者與酒商就有將酒類賣給持有售酒許可證的店家的習慣，後來此慣例也開啟了在酒瓶上貼上自家商標並以獨立商品的新樣貌向外販售的先河。最早的裝瓶廠威士忌是由一八四二年創於亞伯丁（Aberdeen）的卡登赫德裝瓶廠（Cadenhead）發行，第二間發行此威士忌的裝瓶廠則是一八九五年創於阿爾金的高登＆麥克菲爾（Gordon & MacPhail）。

上述兩間裝瓶廠的酒款可說是裝瓶廠威士忌的代表。然而，到了一九八〇年後，裝瓶廠乘著單一麥芽威士忌掀起的新風潮如雨後春筍般成立。許多尚未擁有銷售通路的裝瓶廠或中小型威士忌調和業者爭先恐後地投入此股風潮中，甚至連義大利與德國等地也都開始出現裝瓶廠。直到今日，隨處可見的裝瓶廠威士忌數量之多，幾乎已到了令人眼花撩亂的狀態。

裝瓶廠威士忌最為人稱道的，便是能讓人品嚐到酒廠威士忌所缺少的蒸餾年份與熟成年數等麥芽威士忌所具備的悠久風味。即使是同一間蒸餾廠出產的酒款，酒液滋味也會隨蒸餾年份不同而有所差異，而木桶的新舊程度也會賦予酒液獨特的個性。另外，裝瓶廠威士忌中有許多是目前已關閉或歇業的蒸餾廠，或是幾乎已不另外發行酒廠威士忌的蒸餾廠所產的原酒。裝瓶廠威士忌是從同一只木桶中取出原酒裝瓶，當中包括單一酒桶、單桶原酒及未經冷卻過濾（Non Chill-filtered）等各具特色的酒款種類繁多。讓人得以品味到較普通的單一麥芽威士忌更加醇厚的滋味，正是其醉人魅力之一。

高登．麥克菲爾裝瓶廠

GORDON & MACPHAIL

為獨立裝瓶業者之先驅，暗地引領單一麥芽威士忌風潮的主要廠商

此公司於一八九五年以高級食品店的姿態創立於斯佩塞特的阿爾金（Elgin），是目前獨立裝瓶業者中歷史最悠久的老字號公司之一，堪稱獨立裝瓶業者的先驅。在單一麥芽威士忌甫上市的廿世紀初期，該公司便從各蒸餾廠購入剛蒸餾完成的原酒，並以自家所擁有的雪莉桶加以熟成。G&M公司以巨大的熟成庫房及容量龐大的大型木桶打響公司的知名度，據說目前仍擁有一萬四千桶以上的原酒酒桶。為滿足麥芽威士忌愛好者的期待，該公司也不斷地推陳出新，如集合了稀有酒款的「Connoisseurs Choice」（鑑定家精選酒款）系列從早期便擁有相當的知名度。另外，該公司也於一九九二年收購了本諾曼克（Benromach）蒸餾廠。

↑剛推出時便擁有高人氣的「鑑定家精選酒款」是僅從主要製造調和麥芽原酒的蒸餾廠及已停止營運的蒸餾廠當中嚴選出稀有的高級麥芽原酒所製成的系列酒款。「Connoisseurs」意指鑑定家，而繪有古老地圖的瓶身標籤也給人深刻的印象。

←最左側為「雅柏1991．40%」，為煙燻風味中帶著柑橘般清新風味的印象派精選酒款；中間的酒款則為G&M裝瓶廠以酒廠威士忌形式所推出的「莫特拉克1969．40%」；最右側則是具備典型雪莉桶風味的「格蘭利威1977．59.5%」。

威廉姆．凱丁漢德裝瓶廠

WILLIAM CADENHEAD'S

打響「單桶原酒」名號的裝瓶廠，爲業界歷史最悠久的廠商

此裝瓶廠原是於一八四二年創於蘇格蘭亞伯丁的紅酒商，是獨立裝瓶業者中歷史最悠久的廠商。其擁有品項豐富的原酒庫房，與G&M裝瓶廠並列裝瓶業界雙雄。目前主要據點已移至坎貝爾鎮，與雲頂蒸餾廠為同一公司旗下產業（目前為J&A．米契爾公司所有），裝瓶作業也於該蒸餾廠進行，在愛丁堡及倫敦均有直營店。該廠商堅持不對威士忌進行焦糖著色或冷卻過濾等程序，而是直接將從木桶中取出的威士忌裝瓶上市，藉此保持原桶中的酒精濃度，此即所謂的「單桶原酒」（Cask Strength）。酒精濃度雖高，但可保留麥芽原始而強烈的風味，且能夠發揮酒廠威士忌所無法表現的獨特魅力，可說是將單桶原酒的美味推廣到全世界的第一功臣。

↑該廠商的代表酒款之一，即是單桶原酒中的「原酒精選系列」（Authentic Collection）。早期多以綠色瓶身推出，現行酒款則改用透明瓶身。其滋味充滿個性及特色，在品嚐過多種麥芽威士忌的老練酒客之間仍有著相當的人氣。

←從左側起為從未以酒廠威士忌形式販售的「格蘭克雷格（Glencraig）1981．56.2%」，及瓶身矮胖的「布萊爾阿蘇（Blair Athol）1966/23年．46%」，最右邊則是綠色瓶身的原酒精選「雲頂1980/18年．53.4%」。

裝瓶廠小檔案③

聖弗力裝瓶廠

SIGNATORY

堅持單桶原酒與廣泛多變的選酒策略，擁有高人氣的裝瓶廠

為安得魯．希敏頓與布萊恩．希敏頓兩兄弟（Andrew and Brain Symington）在一九八八年設立於愛丁堡的裝瓶廠。與其他裝瓶廠相較下廠房較新，其獨立的裝瓶廠及熟成庫房，再加上廣泛的選酒策略均使該廠擁有相當的人氣。所生產的酒款均為單桶原酒，基本上都不與其他原酒調和為其特徵。瓶身標籤上也會註明木桶編號及裝瓶編號，能讓酒客享受到單桶原酒的純粹滋味。裝瓶廠的正式名稱為Signatory Vintage Scotch Whisky Co. Ltd.。艾德多爾蒸餾廠（Edradour）自二〇〇二年起也歸於聖弗力企業之下。

←繪有S記號的木桶代表該酒款為「原色威士忌」系列。除了無另外著色外，上頭也清楚標明蒸餾年月日、裝瓶年月日及木桶編號，甚至連該桶原酒共裝了幾瓶酒，及該瓶酒為當中的第幾瓶等均鉅細靡遺地標示出來。

←左為未經冷卻過濾系列酒款，並以風味桶陳釀的「卡爾里拉1991/12年．46%」，右側則是原色威士忌系列酒款中的「艾德多爾1976/24年．50.8%」

裝瓶廠小檔案④

鄧肯提拉裝瓶廠

DUNCAN TAYLOR

擁有來自各方的經典原酒及龐大資產的大型裝瓶廠

美國人雅貝．羅聖貝（Abe Rosenberg）於六〇年代初從蘇格蘭各地收購各款經典原酒，加以熟成後推出了一系列裝瓶廠酒款。在雅貝去世後，位於蘇格蘭杭特烈（Huntley）的分公司於二千年收購該廠，並自二〇〇二年起裝瓶。其以長期熟成而稀少的高價原酒為主且頗受好評的「貴族精選威士忌」與較大眾化的「豐富威士忌」都極受歡迎。兩系列均無著色且未經冷卻過濾。原酒由廠長親自挑選。

←堪稱該裝瓶廠代表的即是「貴族精選威士忌」（Peeress Whiskey）系列。「Peeress」有著無可比擬之意，是從幾千只酒桶中精選出最高品質的麥芽原酒裝瓶而成。另有經長期熟成且數量稀少的高級原酒製成的單一酒桶威士忌。

←左為滋味如同咬裂麝香葡萄籽般的貴族精選威士忌「格蘭利威1968/34年．50%」。右側則為可加水的豐富威士忌（Galore）系列酒款「朗摩恩1987/16年．46%」。

裝瓶廠小檔案⑤

薩瑪洛利裝瓶廠

SAMAROLI

行家好評不斷的義大利裝瓶廠

此廠廠長為在義大利裝瓶業界中被譽為教主的席爾巴諾（Silvano S. Samaroli）。旗下主要蒸餾廠位於義大利的布雷西亞（Brescia）。此廠最為人稱道的，便是廠長會親自品嚐原酒，並從中挑選出滿意的原酒進行裝瓶，品酒後無法令他滿意的原酒便會遭到轉賣的命運。此裝瓶廠的產量雖偏少，但每瓶威士忌均保留了蒸餾廠的特色與風味，品質好因而廣受酒客們好評。另外，瓶身的設計相當簡易而洗鍊，從瓶身上也可看出裝瓶廠的堅持與理念。

←簡單卻十分美觀的瓶身設計據說仿效自蘇格蘭早期的威士忌。另外，其以軟木塞作為瓶蓋，瓶身標籤使用的也是經過挑選的高級紙張。無論外觀或內在均有其獨到的堅持與作風，堪稱義大利的首席裝瓶廠。

←左側瓶身上繪有蒸餾廠圖案及手寫文字的酒款為「朗格羅1987．45%」，而右側乍看之下宛如義大利紅酒的雅緻酒款則是「大力斯可1988．45%」。

裝瓶廠小檔案⑥

王家斯帕利裝瓶廠

KINGSBURY'S

瓶身標籤上的鑑定家品酒檔案，足令酒客興趣盎然

此裝瓶廠的前身為位於坎貝爾鎮的英格山姆公司（Eagle Sam），改名後以倫敦為主要據點，雖然直到一九四四年才推出首支酒款，卻是少數從設廠之初便意識到日本等海外市場的裝瓶廠。「王家系列」的瓶身標籤上清楚標示著蒸餾及裝瓶的年份與日期、木桶種類等……，除了鉅細靡遺的資料外，還記載了該酒款的相關品酒筆記。於二〇〇〇所推出的「賽爾特精選酒款系列」（Celtics Collection），瓶身上面精美的賽爾特文字也相當受到歡迎。

←「王家系列酒款」的瓶身標籤上均標明蒸餾年月日、蒸餾廠所在地、蒸餾廠負責人、木桶種類、編號等，並附有由威士忌鑑定家所寫下的品酒筆記。酒客能夠享受到各酒款獨特個性與豐沛的特色。

←左為經嚴選、長期熟成的單桶原酒，「賽爾特精選酒款系列」中的「拉弗格1980．50.1%」，右則為以極為珍貴的酒廠威士忌裝瓶而成的「皇家布萊克拉（Royal Brackla）18年/1979．50.1%」。

裝瓶廠小檔案⑦

威爾森&摩根裝瓶廠

WILSON & MORGAN

簡單易懂的瓶身設計與合理的價位使其擁有高人氣

該裝瓶廠為一九九二年初於愛丁堡設立的嶄新公司。創立者法畢歐羅西(Fabio Rossi)，從他父親那一代起，便開始從義大利輸入麥芽原酒。因此該裝瓶廠有著為數可觀的原酒，且無論是熟成年數、品質甚至是十分合理的價格都廣受好評，可說是裝瓶業界的新興勢力。基本上該蒸餾廠會先在輸入的原酒中加水，使原酒濃度降至四六%後再行裝瓶。另外，瓶身上令人一目了然的蒸餾年份與熟成年數等獨具匠心的設計也使其擁有相當高的人氣。

←瓶身上清楚標出蒸餾年份，簡單明確、風格獨特的標籤設計為其瓶身的特徵。有些酒款會以較大的數字來標示熟成年數，而酒客能輕鬆選購喜愛的熟成年數也為其人氣高的原因之一。基本酒精濃度多為46%，也有單桶原酒。

←左側酒款有著典型蘇格蘭威士忌的外型，是以單桶原酒形式推出的「林可伍德10年/1988．58.7%」，右側酒款則為帶有豐富果香的「波摩1989．阿瑪涅克回味威士忌（Armagnac Finish）．46%」。

裝瓶廠小檔案⑧

月光銀波裝瓶廠

MOON IMPORT

有著精緻華麗的標籤，爲威士忌收藏家必備的珍品

此裝瓶廠創立於一九八〇年，創立者為來自義大利熱內亞（Genova）的酒商，同時也是進口商的蒙賈魯迪(Mongiardino)。此裝瓶廠與薩瑪洛利裝瓶廠並稱義大利兩大裝瓶廠。除了每桶原酒均是由廠長親自品嚐過後所選出的優質原酒外，創新的標籤設計也很吸引消費者的目光。利用電腦繪圖技術所設計的精美圖案，至今已陸續推出爬蟲類、鳥類、古典名車、月球世界等系列，均是威士忌收藏家不可錯過的逸品。

←此為「The Animals」系列酒款，標籤上的圖樣是以電腦繪圖方式繪製。除了此令人震撼的標籤外，還包括了鳥類、魚類、帆船或名車等圖案，這些設計新穎與創意獨具的標籤令人目不暇給。

←左側酒款的標籤上繪有栩栩如生的蛇，此為「特姆杜1967/34年．52.5%」，右側酒款則為帶有強烈苦澀味的雪利桶熟成酒，雖有著十分濃厚的色澤，但其實是未經著色的「朗摩恩1973/28年．59.1%」。

裝瓶商報導

GORDON & MACPHAIL

高登＆麥克菲爾公司

「我們是以開拓者的精神做為原點，把『原始風味』帶給大家」

雖然現在單一麥芽威士忌已經不稀奇，但是直到二十～三十年前，絕大多數的麥芽威士忌都還是調和過的酒。一八九五年，高登＆麥克菲爾在斯佩塞特的阿爾金設立了食品材料行，隔年開始在蘇格蘭高地

❶一八九五年，這個店面以食品材料行的名義在阿爾金開張，店裡兼售紅酒和威士忌，至今風貌完全沒變。店內販售的威士忌和食品材料品質都相當高。

❷裝入分酒箱造型盒當中的頂級極品——一九三八年蒸餾的莫特拉克，這是幾年前才裝瓶的六十年好酒。

外部販售單一麥芽威士忌，而於一九一四年開始出口。如果用這樣的脈絡來看，他們的先見之明真的相當令人吃驚。

特別是一九五〇年之後，現任老闆的祖父喬治．厄奎特（George Urquhart）積極採購許多蒸餾廠的麥芽威士忌，並進行熟成。現在光是單一麥芽威士忌就有八十七種，採用的年份分布相當廣泛，其中許多酒款都很稀有。當我們前往於一九六〇年設立的熟成庫房參觀時，真有種名不虛傳的感覺。該處陳列的酒就有七千桶，而其餘七千桶則另外存放在各個蒸餾廠中。

行銷總監伊恩．查普曼（Ian Chapman）表示：「我們至今仍和百分之六十～七十的蒸餾廠保持相當良好的關係，這是我們最大的優勢。基本上，我們會在各蒸餾廠當時製造的原酒當中挑選我們自己熟成用的優良產品，再裝瓶出售。」

G&M之所以能夠獲得高品質的原酒，是因為從多年以前經營食品材料行時就曾採購雪莉酒和紅酒，因此和酒商之間有著悠久的淵源。不用說，這間位於阿爾金市中心、百年不變的老店是酒迷必定拜訪之地。事實上，現在店內供應的威士忌總共就有八百零六種。

❸因為二年半前店內才重新裝潢，空間漂亮又舒適。照片當中是「威士忌專區」現在架上陳列的酒總共有八百零六種！

❹木桶造型展示櫃。玻璃罩裡陳列著多種稀有酒款。姑且不管價格，單單欣賞這麼多種酒本身就趣味十足。

❺這是公司自家的展示間。為了進行品管，會把過去二年來裝瓶的酒款樣品全部陳列在架上，是一座寶山。

❻樣品酒瓶上記錄了蒸餾廠、年份、木桶編號、樣品裝瓶日，還有負責人簽名等資訊。

品嚐珍貴的威士忌

↑左為道格拉斯雷裝瓶廠（Douglas Lain）頂級精選威士忌中的單桶原酒21年，有著微甜中帶點芳香的醇美酒質。右側則是於二〇〇一年從熟成庫房中取出六千瓶，且附註編號限定發售的「酒廠威士忌」──「1972／22年．56.2%」，是一款具備強烈艾雷島風味且評價甚高的威士忌。

尋找已不存在的蒸餾廠所生產的夢幻麥芽原酒！

許多因時運不濟而面臨倒閉或停業命運的蒸餾廠中，其實均曾生產過極其醇美、令酒客苦尋許久的威士忌。這些酒款幾乎不屬於酒廠酒，而多是由裝瓶廠獨立生產的好酒。這些堪稱為「夢幻麥芽原酒」的酒款雖然珍貴難尋，但也可能就在某處的酒吧中與它們邂逅也說不定。有機會的話請務必要品嚐看看！

波特艾倫 PORT ELLEN　艾雷島

煙燻味與複雜的香氣形成絕妙的搭配
不喝不可的夢幻艾雷島威士忌

創業於一九八三年，於一九三〇～一九六七年間曾一度吹熄燈號，爾後雖曾再度生產，但在一九八三年終不敵大環境影響而關閉。其生產的酒款具有辛辣濃厚的煙燻香氣，口感及尾韻更是複雜而多變，其古典風味至今仍擁有廣大懷舊酒迷的支持。由於庫存品的數量日漸減少，使其幾乎已成為只聞其名的夢幻酒款，想要一嚐其醇美滋味的酒客們務必把握時間積極探尋。

→左為The Brothers酒廠的「布朗拉1981／19年．61%」。出自重複裝填的雪莉桶，酒精濃度雖高但仍帶有猶如高貴女性的風味。右為二〇〇三年以官方形式生產、限量三千瓶的「30年．55.7%」。是一款被譽為比克里尼利基（Clynelish）還要有後勁，愉悅且活潑的酒款。

布朗拉 BRORA　北高地區

兼具北高地與艾雷島風格?!
充滿海潮風味的豐潤麥芽威士忌

一九六七年建於北高地區的克里尼斯蒸餾廠旁的新蒸餾廠。早期新舊蒸餾廠以同名生產酒款，舊廠於一九六九年才改名為布朗拉。之所以興建新蒸餾廠，是由於母公司用來製造約翰走路的艾雷島產泥煤煙燻麥芽不足，才特別在七〇年代前半時使用重燻的泥煤煙燻麥芽來製造布朗拉，因而誕生了這款融合北高地與艾雷島風味的單一麥芽威士忌。此款酒酒質強烈、滋味辛辣，充滿海風的香味與鹽味。該蒸餾廠已於一九八三年關閉。

羅斯班克 ROSEBANK 低地區

遵循蘇格蘭低地區製酒傳統，擁有廣大熱情酒迷的傳統美酒

低地區出產的諸多夢幻美酒目前都已消失，其中也包含了這一款以傳統三次蒸餾程序製成、被封為「低地女王」的酒款。蒸餾廠於十八世紀後期在以盛開著玫瑰而聞名的玫瑰河畔運河沿岸創立。後於一九九三年關廠，目前沒有再度營運的可能。此酒款滋味芳香，除了花香還有檸檬、藥草香，口感清淡而香醇。淡雅甜味及絕妙的辣度、純淨清香令人拍案叫絕。

↑左側酒款為擁有甘醇甜味的赫特兄弟裝瓶廠（Hart Brothers）的極致精選系列酒款（Finest Collection）中的「13年／1990・58.3%」。右側則為蘇格蘭人馬修・D・佛斯特（Mathew D. Forest）所創立的私人裝瓶廠所推出的私家酒款，在選酒上廣受好評的「1992・58.5%」。

↓左側酒款為日本裝瓶廠Chill Nanknock以蘇格蘭當地已關閉的蒸餾廠原酒為主所推出的系列酒款之一，「1979・59.8%」。右側則為帝亞吉歐公司的珍稀麥芽威士忌精選系列（Rare Malt Collection）的酒款「24年／1970・60.54%」其如同蜂蜜般的滋味會在開瓶經過一段時間後逐漸變得濃郁芳醇。

達拉斯杜 DALLAS DHU 斯佩塞特

細緻、滑順有如蜂蜜般的滋味，隱藏於斯佩塞特的美酒

該蒸餾廠於一八九九年在位於阿爾金與因弗內斯之間的霍睿斯（Forres）創立。這款酒原是為了一款曾在一八八〇年到九〇年代頗受歡迎的混合酒所特製的麥芽威士忌。該酒廠於一九八三年毫無預警地停止營業，目前則是以威士忌博物館的形式對一般大眾開放。其生產的威士忌在調酒師之間擁有相當高的評價，是一款擁有如同蜂蜜般的甘醇酒質，以及宛如巧克力般滋味的美酒。

品味威士忌③

威士忌與美食

搭配威士忌的精選料理

準備最契合的美食來襯托今夜的醇酒！

指導/「BAR緩木堂」曾根洋一

作為餐前或餐後酒飲用的威士忌不應該用於搭配點心或料理，有這種想法的酒客們想必不在少數。事實上，當你享用著威士忌的醇美滋味時，也有可能聽見自己的胃發出不平之鳴，此時若能有盤與杯中醇酒相互呼應的美味料理，必能使你獲得無上的滿足。各位不妨依照各款威士忌的特色，試著找出最適合搭配美酒的點心吧！

威士忌的種類繁多，當中尤以單一麥芽威士忌的特色最為鮮明，也因此使人認為威士忌不適合搭配料理或點心飲用，而應以純飲方式才能品嚐到其完整滋味。如果是高級質純的麥芽威士忌，純飲的確能在不遺漏一絲醇美滋味的情況下感受最深刻的酒質。但不能否認的是，能夠與威士忌完美搭配的料理確實存在。

若想使今晚的美酒更添風味，一道合適的料理將能與威士忌共譜一首絕妙的好曲，而且這樣的料理為數不少，與威士忌極為契合的煙燻鮭魚即是一例；面海的蒸餾廠生產的威士忌中常帶有海潮香氣，因此搭配煙燻海鮮料理會是不錯的選擇；又如雪莉桶陳釀的威士忌常帶有葡萄乾般的香氣，便可搭配巧克力等具有甜味的點心；而帶有些許強烈潮氣的麥芽威士忌，則適合配上鹹味較重的起士……。甚至連不具有煙燻風味的麥芽威士忌也意外地與日式料理中的天婦羅等炸物相當契合。

其他如波本威士忌、日本威士忌、愛爾蘭威士忌等，均各有適合其風味的料理或點心。各位可隨著飲用的場合、心情等自由選擇，找出能與威士忌完美結合的料理或點心也是品酒時的一大樂趣！

在蘇格蘭當地……

說到蘇格蘭當地用於搭配威士忌的料理，便不能不說一說燃燒殘留威士忌餘香的廢棄木桶所製作的煙燻鮭魚，以及傳統料理中赫赫有名的羊雜（Haggis）。所謂的Haggis是指將煮得十分柔嫩的羊內臟與洋蔥一起炒過之後，再加入羊脂與大麥、鹽巴及香料，然後裝入羊的胃袋中燉煮而成的料理。將單一麥芽威士忌灑在熱騰騰的Haggis上後大口享用，可說是最道地的吃法。這道料理與帶有強烈煙燻風味的麥芽威士忌擁有絕佳的協調性。

愈仔細咀嚼愈能品嚐到絕妙組合所化身的美味

波摩堪稱艾雷島威士忌入門酒款，其蒸餾廠位於海邊，因此此款威士忌也具有近似海藻般的香氣與高雅的煙燻風味，相當適合搭配煙燻鮭魚等海鮮料理。而在這裡要介紹的則是另一道與波摩威士忌極為契合的料理「醋醬拌章魚」。使用帶有獨特碘臭味的Marinade醋醬來浸漬章魚，醋醬中的酸甜滋味與油分也會與章魚相互調和，創造出越嚼口感越佳的絕妙滋味。粉紅胡椒的刺激滋味使整道料理更加完整。

Marinade醋醬可使經波本桶熟成的威士忌所具有的厚實酒質及滋味更上一層樓。這道料理也適合搭配格蘭露斯及格蘭金奇等酒款。

Recipies
P.171

1 醋醬拌章魚

marinated octopus

品酒法

半水半威士忌

(→P175)

波摩12年

Bowmore12

酒質散發的甘醇香氣與奶油滋味完美結和的組合

以斯佩塞特的頂尖麥芽原酒而廣受好評的格蘭露斯，擁有平衡度極佳的酒質及不易令人生膩的滋味，而最適合搭配此款威士忌一起享用的料理，當屬混合黑蜜及抹茶的利口酒醬汁＆藍紋乳酪(Blue Cheese)，以及加入荷蘭芹與生奶油的藍紋乳酪&蕃茄&菊苣，還有奶油起士&GODIVA利口酒搭配土耳其萊姆起士等的綜合起士盤。

格蘭露斯威士忌的甘醇香氣與起士奶油般的滑順口感極為契合。口味偏甜的起士另可搭配愛倫威士忌，而口味較重、較辣的起士則適合佐以格蘭傑。

2 綜合起士盤

cheese assortment

品酒法

半水半威士忌

(→P175)

格蘭露斯1992

Glenrothes1992

帶著輕鬆的玩心享受清新淡雅的美味

在斯佩塞特威士忌中，於全球均擁有廣大愛好者的當屬格蘭菲迪Solera Reserve。其採用在雪莉桶熟成法中知名的Solera混桶法釀造（註一），為酒質創造出與眾不同的平衡度與滋味。將此酒款搭配料理飲用時會產生一股如花般的香氣，加入通寧水則能成為帶有果實芳香與酸甜滋味的調酒。可依序將藍色柑香酒、通寧水、格蘭菲迪倒入杯中，引出些許的果香後，用來搭配此道以酪梨的柔和滋味配上蕃茄的新鮮酸味，再加上火腿的適中鹹度組合而成的「生火腿酪梨沙拉」，將可使你的味蕾感受一場絕妙的味覺饗宴。

品酒法

通寧水威士忌

格蘭菲迪15年 Solera Reserve

Glenfiddich15 Solera Reserve

3

Recipies P.171

生火腿酪梨沙拉

avocado and prosciutto salad (with white wine vinaigrette)

濃厚的威士忌滋味與鮭魚滲出的豐郁油脂完美結合

卡杜威士忌除了以約翰走路的原酒打響其名號外，此款斯佩塞特威士忌還具有輕盈易飲的風味與口感、略帶辣味的尾韻更令人為之嚮往。經過冬季寒風吹拂而熟成乾燥的鮭魚乾則是此威士忌的最佳良伴。將鮭魚美味盡收其中的帶皮鮭魚乾去皮後直接食用也是道不凡的美味，但如能搭配卡杜威士忌一同享用的話，鮭魚乾特有的濃厚滋味、鹹味及比例適中的油脂將能與威士忌的風味完美融合。此外，鄰近卡杜蒸餾廠、以蘇格蘭牛奶糖享有盛名的諾康杜所產的威士忌與鮭魚乾也相當搭配。

品酒法

半水半威士忌（→P175）

卡杜12年

Cardhu12

4

帶皮鮭魚乾

crispy dried salmon skin

註一：Solera混桶法為雪莉酒的釀造技術，最底層放置熟成年數最長的老酒，再依次疊上熟成年數遞減的酒桶，如此將可造出年份不同且風味各異的雪莉酒。

不帶煙燻香氣的高級麥芽威士忌與日式料理契合度極高

位於與低地區相鄰的蘇格蘭高地區的格蘭哥尼蒸餾廠最大的特色，即在於製造威士忌時不添加任何煙燻香氣，在毫無加工下，讓熟成用的木桶香氣及麥芽的原始風味表現出來。不帶有煙燻風味的單一麥芽威士忌還包括斯卡帕及哈索本，這幾款威士忌不但沒有蘇格蘭威士忌特有的泥煤氣味，還具有柔潤鮮明而細緻的滋味，與高雅的日本料理可謂一拍即合。在眾多日本料理之中，尤以使用當季食材的炸天婦羅與威士忌堪稱天生絕配。食材可隨季節更換，如竹筍天婦羅、雞胸梅干肉捲等均極適合搭配威士忌。

Recipies 171

5 竹筍天婦羅、雞胸梅干肉捲

bamboo shoot tempura, fried chicken fillets with plum paste

品酒法

半水半威士忌
（→P175）

格蘭哥尼17年

Glengoyne17

足以與來自雪莉桶的豐潤滋味相互配和的點心

因獲得前英國首相柴契爾夫人的鍾愛而名聲響亮的格蘭花格，從古至今均貫徹家族經營與不變的風味，為一款擁有眾多忠實酒迷的威士忌。其特色為經雪莉桶陳釀而特有的厚實香氣與滋味，以及如成熟果實般的芳香及葡萄乾的甘甜味。奢華豐潤的高雅滋味事實上與生巧克力及乾果相當契合。相反地，以波本桶或舊桶熟成、風味較為細緻的麥芽威士忌，便無法用來搭配上述點心。搭配以雪莉桶熟成的代表性威士忌麥卡倫，當然也是十分契合。

品酒法

純飲（→P174）

格蘭花格15年

Glenfarclas15

6 生巧克力&乾果

chocolate ganache and dried fruits

同時享受日本美食與日本麥芽威士忌的滋味

山崎威士忌為誕生在日本京都名水之地山崎的日本威士忌。其最大的特色在於即使採取水割喝法，酒質仍能保持一定的平衡。當中的「山崎12年」即使以純飲方式品嚐，也能享受到豐富多變的滋味及厚實成熟的口感。然而，由於其帶有強烈的木桶香氣，較難找到能與其搭配的料理，若能改以半冰半水的方式飲用，則可使其濃烈的香氣轉變成較稀薄而適中的香氣，而成為適合搭配料理的威士忌。以香腸及厚切培根為材料，並加入醋漬包心菜與蕃茄的法式清湯燉菜，即是與山崎威士忌極為契合的料理。

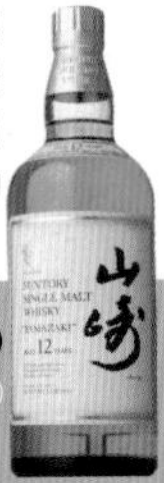

品酒法

半冰半水（→P176）

山崎12年
Yamazaki 12

7 香腸培根燉菜
sausage and bacon casserole

Recipies P.171

豪爽地暢飲並大口享受美食，感受最道地的美式風格

從金賓系列（Jim Beam）的原酒中嚴選出具備最高級者，然後從木桶直接裝瓶所得的即是原品博士波本威士忌。此酒款是酒精濃度高的烈酒，但如能在玻璃杯緣放上一片檸檬或柳橙切片，或採用加入蘇打水的Mist Style飲用，都能使原本濃烈炙喉的烈酒瞬間化為清爽易飲的調酒。一邊品嚐讓人彷彿感受到肯塔基熾熱陽光的美酒，一邊豪邁地咬著柔嫩的炸馬鈴薯可謂無上的享受。另外，口感清脆的乾果或玉米等也是此款威士忌的良伴，而能引出鹹味與香氣的乾納豆也是絕佳選擇。

品酒法

威士忌蘇打、霧飲（→P176）

原品博士
Booker's

8 炸薯條＋鮪魚沾醬&乾納豆
fried potatoes with tuna dip & dried Natto beans

Recipies P.171

搭配威士忌的

料理製作方式

此處介紹的料理每一道均不須特別的材料或技術，且都能在短時間內輕鬆完成。
請細細地品嚐每樣料理與威士忌共同創造出的絕妙滋味吧。

1 醋醬拌章魚

P.167

●材料（二人份）
章魚（活章魚切片）100g、醋少許、洋蔥$\frac{1}{4}$個、Marinade醋醬（沙拉油4大匙、醋2$\frac{1}{2}$大匙、鹽小於1茶匙、芥末1茶匙、糖漿／果糖1茶匙）、適量的粉紅胡椒。

●做法

①以斜切方式將章魚切成薄片並浸醋，洋蔥也切成薄片後以水沖洗。

②將製作Marinade醋醬的材料混合，接著將帶有水分的洋蔥放入。

③將章魚切片沾滿完成的Marinade醋醬並裝盤，最後在上頭撒上粉紅胡椒即完成。

3 生火腿酪梨沙拉

P.168

●材料（二人份）
酪梨$\frac{1}{2}$個、蕃茄$\frac{1}{2}$個、生火腿6片、沙拉醬（沙拉油1$\frac{1}{2}$大匙、檸檬汁1大匙、白酒醋1茶匙、砂糖$\frac{1}{4}$茶匙）、粗粒胡椒。

●做法

①將酪梨剝皮去子並切成六片薄片，蕃茄也同樣切為六片薄片。

②將酪梨與蕃茄的薄片逐一相疊，再以生火腿片將其捲起後裝盤。

③將沙拉醬的材料充分混合後，淋在裝盤後的料理上並撒上胡椒即完成。

5 竹筍天婦羅、雞胸梅干肉捲

P.169

●材料（二人份）
燙過的竹筍$\frac{1}{2}$個、雞胸肉2塊、梅干2茶匙、紫蘇葉2片、獅子唐（日本種小青椒）2根、高湯（昆布5cm、鰹魚片10g、水1杯）、鹽少許、麵衣（水1杯、麵粉$\frac{1}{2}$杯、蛋1粒）、適量的沙拉油。

●做法

①將昆布與水一同入鍋放置5～10分鐘，接著以強火加熱至水沸騰為止。此時再放入鰹魚片並再次加熱至沸騰，加入鹽巴攪拌後便完成高湯。

②將竹筍切成易食用的大小，放入高湯中浸煮15分鐘。

③將雞胸肉切開，開口必須能塞入其他食材，接著將梅干塞入並放入紫蘇葉。

④將麵衣的材料充分攪拌，將除去水分的竹筍裹上麵衣後，放入170°C的高溫熱油中油炸。將步驟③完成的雞胸肉捲也下鍋油炸、獅子唐可直接下鍋油炸。

⑤將雞胸肉捲對半切開，與炸好的竹筍及獅子唐一併裝盤即完成。

7 香腸培根燉菜

P.170

●材料（二人份）
香腸5條、培根80g、蕃茄$\frac{1}{4}$個、醋漬包心菜（市售商品）2～3大匙、法式清湯（水1杯、清湯粉2茶匙、黑胡椒少許）、醃續隨子花蕾$\frac{1}{2}$茶匙、切碎的荷蘭芹少許。

●做法

①將培根切成3～4公分的片段，蕃茄則切成細末。

②將香腸、培根、蕃茄、醋漬包心菜、法式清湯等放入鍋中以強火熬煮，沸騰後再改以中火繼續燉煮5～6分鐘。在關火前加入醃續隨子花蕾並充分混合。

③起鍋裝盤，撒上切碎的荷蘭芹即完成。

8 炸薯條＋鮪魚沾醬

P.170

●材料（二人份）
馬鈴薯2～3個、鮪魚（罐頭）2大匙、切碎的洋蔥3大匙、美乃滋1大匙多、檸檬汁少許、適量的沙拉油。

●做法

①將馬鈴薯確實洗過後，帶皮切成條狀。接著將沙拉油加熱至170°C後，將馬鈴薯條以垂直方式下鍋油炸。

②將鮪魚、洋蔥、美乃滋、檸檬汁等材料充分混合做成沾醬。

③將薯條盛於盤中並附上沾醬即完成。

單一麥芽威士忌巡禮

Part ❹

酒吧篇

❶

除了講究的麥芽威士忌外，PUB中也瀰漫著高漲的「蘇格蘭氛圍」，令人心曠神怡

❸

❷

❶這是格拉斯哥的PUB「The Pot Still」，所收集的單一麥芽威士忌種類在格拉斯哥可說數一數二。除了當地顧客外，世界各地也有許多威士忌愛好者會走訪此處。

❷艾雷島波摩市區裡的「Lochside Hotel」（灣岸飯店）的PUB。除了老闆手上的艾雷島麥芽威士忌之外，店裡收集了四百種以上的單一麥芽威士忌，相當豐富。面海的露臺也令人心情舒暢。

❸位於斯佩塞特中的克萊拉齊的「Highlander Inn」（高地旅館）酒吧。收藏的威士忌不論年代、蒸餾廠都很廣泛，擁有許多充滿魅力的單一麥芽威士忌。店內很有家居氣息，食物也很美味。

❺

❻

❹

❼

❽

❾

❹「The Pot Still」的酒保Frank。我們跟他請教當地最受歡迎的麥芽威士忌是什麼？他跟我們說是歐肯特軒（Auchentoshan，位於格拉斯哥郊外的蒸餾廠）。了解！

❺艾雷島的生蠔很好吃。把煙燻味的單一麥芽威士忌稍稍倒進殼中然後一起入口是當地的吃法。滋味絶妙！

❻雞胸肉做的羊雜包，搭配褐醬。羊雜的做法是把羊肉、羊內臟、洋蔥等切碎，加上燕麥片一起填充到羊的胃袋裡煮。搭上威士忌或啤酒都是絶配。

❼牛肉派是PUB FOOD。蘇格蘭的牛肉和羊肉原本就相當鮮美，牛肉用健力士（Guinness）等啤酒燉煮之後變得很柔軟，和膨鬆酥脆的派皮相同搭配。

❽這是魚貝類沙拉拼盤的一種。煙燻鮭魚本來就很好吃，除此之外還有醃鯡魚、鯖魚、鱒魚、鱈魚、烏賊、孔雀蛤等蘇格蘭海產，相當豐富美味！

❾這是早餐絶對不可或缺的黑布丁，是以豬血製作的黑色香腸。味道相當濃烈，只要吃過就難以忘懷。

在蘇格蘭的旅程中，白天若是享受參訪蒸餾廠的樂趣，那麼晚上呢？當然要去酒吧啦！一整天到處跑來跑去肚子也開始咕咕叫了……

所謂PUB，原本是Public House的簡稱，意思是對大衆開放的空間，沒有設定什麼門檻，基本上非常親切，帶有家居氣息。喝啤酒的人很多（麥酒非常好喝！），當然也有人喝蘇格蘭威士忌。

如果真要推薦，請大家務必嚐嚐當地生產的麥芽威士忌。親臨現場喝當地的酒真是好喝到超乎想像。若是在斯佩塞特就喝斯佩塞特威士忌，在艾雷島就喝艾雷島威士忌，這些地方有許多收藏豐富的知名PUB。若是這樣做，一定可以充分體驗當地的氣氛，深入麥芽威士忌的核心。

此外，在PUB吃飯也是一大樂事。名列「PUB FOOD」菜單的食物種類相當多元，畢竟蘇格蘭原本就是個相當注重美食的國家！和啤酒、威士忌味道搭調的食物相當多，如煙燻鮭魚、燻製蘿蔔、以牡蠣為首的海產，以及PUB FOOD的代表性食物：羊雜（Haggis）、牛肉派（Steak Pie）和黑布丁（Black Pudding，凝固豬血製成的香腸）等；名為Venison的鹿肉料理也相當可口。加上配菜之後，分量就相當豐盛。若是有機會去蘇格蘭，一定要像當地人一樣聚集在PUB裡品味美酒、享用美食、開心聊天，盡情沉浸在蘇格蘭風情裡。

令滋味倍增的

威士忌飲用法

只要掌握些許訣竅，
就能使威士忌的美味大幅提升！

只要試著稍微變換飲用威士忌的方法，便能夠享受到威士忌的全新滋味，這正是威士忌的醍醐味所在。想要充分體驗蘊含在威士忌中的香氣、滋味與獨有的特色，你只須把握下列幾項要訣，就可依當日心情自在地品嚐美酒。

嘗試著從水量、冰塊及玻璃杯進行調整或改變

威士忌的飲用方法並無一定的規則。隨興所至地享受威士忌雖然也是個不錯的方法，但如果能把握幾個飲用要訣，並事先對威士忌的特性有所認識的話，必定能夠更加深刻地品嚐到其中蘊含的深層滋味。

首先要注意的是酒液的香氣。事實上，當酒液冷卻時，香氣便會受到抑制而不易逸散。如能先讓酒液接觸常溫下的空氣，便能夠使其香氣緩緩地從杯中飄散而出。若飲用的是香氣與滋味兼具的單一麥芽威士忌，應先品嚐未加水的純酒的理由便在於此。如果採加冰塊的飲用方式，則應讓冰塊慢慢地溶於酒中，才不會破壞酒液原有的風味，因此選用大塊且密實的冰塊為佳。如要加水飲用的話，則要盡量避免添加自來水，應改加入與造酒用水質地接近、同屬軟水的礦泉水，如此才能品嚐到溫醇而不失原味的威士忌。

本書推薦的基本飲用法

純飲

Straight

細細品嚐無雜質的純粹滋味
品味威士忌從純飲起步

若要品嚐威士忌最原始的滋味，純飲(Straight)自是不二選擇。品酒時可輕輕地含著些許酒液，試著以舌身與喉嚨感受酒液的滋味。首先，為使酒的香氣能從杯中逸出，可先將威士忌倒入傾斜的玻璃杯中，約注滿杯身的三分之一至二分之一即可。玻璃杯以鬱金香型為佳。淺飲過後，為使因酒變得熱燙的舌身與喉嚨能得到休息，可先準備一杯冰涼的礦泉水作為「酒後水」(Chaser)來與酒交互飲用。

半水半威士忌

Twice Up

親自化身調酒師
品味那漸次逸出的香氣

首先將威士忌注入如同紅酒杯般的狹窄玻璃杯口，接著再注入等量的常溫水（天然水），此即為「Twice Up」的喝法。此方法可引出酒液中的香氣，專業調酒師也是採用此法品酒。當覺得純飲的滋味過於強烈難以入喉時，或想仔細感受初次品嚐的威士忌帶有何種香氣時，可在稍微純飲過後接著使用這種喝法，如此將能徹底品嚐到威士忌特有的香氣與風味。

加冰塊飲用

On the Rocks

加入大塊且堅硬的冰塊
緩緩地品嚐其中滋味

先將大塊的冰塊放入玻璃杯中，再從冰塊上方倒入半杯左右的威士忌，此即稱為「On the Rocks」。想要仔細品嚐調和式威士忌時可採用此方法。此飲用法的重點在於冰塊。冰塊應選用良質水製成的冰塊，另外，如果冰塊太快融化的話，將會破壞威士忌原本的滋味，因此應選用堅硬、大塊且不帶稜角的冰塊。以表面積最小的球型冰塊最為理想。

威士忌蘇打

Whisky & Soda

引出輕舞跳動般的入喉感受
能享受痛快滋味的威士忌喝法

先選用平底無腳的玻璃杯，大量放入大塊冰塊後，倒入大約三分之一杯的威士忌，再倒入約為威士忌兩倍份量的冰涼蘇打水，並輕輕地攪拌以防碳酸散失，如此將可享受到隨著金色氣泡散出的清新香氣與痛快口感。另可隨各人喜好添加檸檬水或沛綠雅氣泡礦泉水（Perrier）等，飲用艾雷島威士忌時，此方法更能引出爆裂般的煙燻香氣，使威士忌搖身一變成為滋味爽快的飲品！

半冰半水

Half Rock

輕鬆地享受威士忌的香氣與滋味
即使在用餐中也可搭配餐點飲用

在玻璃杯中放入大塊的冰塊，接著隨個人喜好倒入適量的威士忌，再倒入與威士忌等量的礦泉水，稍微攪拌使其混合後，便成了所謂的「Half Rock」喝法，也可說是Twice Up與On the Rocks的組合喝法。此飲用法可使威士忌的香氣與滋味變得更加圓融溫和，由於味道冰涼潤口，即使搭配餐點飲用也可以。也可再加入蘇打水、薑汁汽水或通寧水（Tonic Water）稀釋。

霧飲

Mist Style

只要加入薄荷與砂糖
便能品嚐到肯塔基冰酒的風味

首先在玻璃杯中放入碎冰，接著再倒入威士忌，杯中便會在瞬間被宛如霧氣般的水滴所覆蓋。此種飲用方式即稱為Mist Style。在熾熱的夏季如倒入滋味濃厚的波本威士忌的話，便會產生冰涼透心的強烈滋味。也可隨心情恣意加入蘇打水後飲用。另外，如將薄荷葉切碎並加入砂糖後，再倒入波本威士忌的話，便成了肯塔基知名的薄荷冰酒。

水割

Mizuwari

使用最簡易的調酒方式
品嚐到最華麗輕雅的滋味

「水割」是由濕度偏高的日本所開發的獨特喝法。你可將此種喝法視為最簡單的調酒。首先將大塊冰塊放入平底無腳的玻璃杯中，冰塊最好大到能抵住玻璃杯的邊緣。接著倒入約三分之一杯的威士忌，然後適當地攪拌使其混合，當感覺到杯身已經變得冰冷時，再補上剛剛融化掉的冰塊量。接著加入方才倒入的威士忌雙倍分量的冰涼礦泉水，並慢慢地攪拌，如此便可製作出輕盈柔和的高級風味。

第5章

美國威士忌＆加拿大威士忌

American Whiskey & Canadian Whisky

American Whiskey

美國威士忌的基礎知識

1 何謂美國威士忌？

與開拓歷史同步演進，充滿陽剛氣息卻風格迴異的威士忌

以玉米為主原料所製成的波本威士忌蔚為主流

提到美國威士忌，想必各位都會理所當然地聯想到波本威士忌（Bourbon Whiskey）。波本威士忌是以玉米為主要原料，搭配上裸麥（或小麥）、大麥麥芽等副原料，再以連續式蒸餾器加以蒸餾，並選用內側微焦的全新橡木桶熟成所得的威士忌。與蘇格蘭威士忌的差別在於，美國威士忌擁有獨特的香氣、深沉的滋味與甜味，以及強烈誘人的口感。

波本威士忌並非從一開始便存在於美國。十七世紀時，從蘇格蘭與愛爾蘭移居美洲的移民開始在美國本土生產威士忌，起初主要以裸麥為原料，爾後美國威士忌步上獨立發展的軌道，而波本威士忌也是從此時出現，並逐漸發展成熟，今日已成為能夠獨霸一方的知名品牌。

現在美國所生產的威士忌是根據一九六四年聯邦酒精法（Alcohol Laws of the United States）的規定分類，其中主要包括波本威士忌、裸麥威士忌（Rye Whiskey）、玉米威士忌（Corn Whiskey）以及調和式威士忌等四種。

波本威士忌的原料中所包含的穀物必須有百分之五十一以上為玉米，且在酒精濃度未達八〇%的情況下進行蒸餾，熟成時則必須使用內側經燒烤過的白橡木桶，經過兩年以上熟成的威士忌方可稱為「純波本威士忌」；在同樣的條件下，原料中的百分之五十一為裸麥時即可稱為裸麥威士忌；而當原料中有百分之八十以上為玉米時則稱為玉米威士忌。進行玉米威士忌的熟成作業時，除了使用重複利用的舊橡木桶外，也有使用內側未經燒烤的新橡木桶的情況。無論是裸麥威士忌或是玉米威士忌，都須經過兩年以上的熟成過程，才可稱為「純威士忌」；而調和式威士忌則是將波本、裸麥、玉米等威士忌的酒精濃

美國

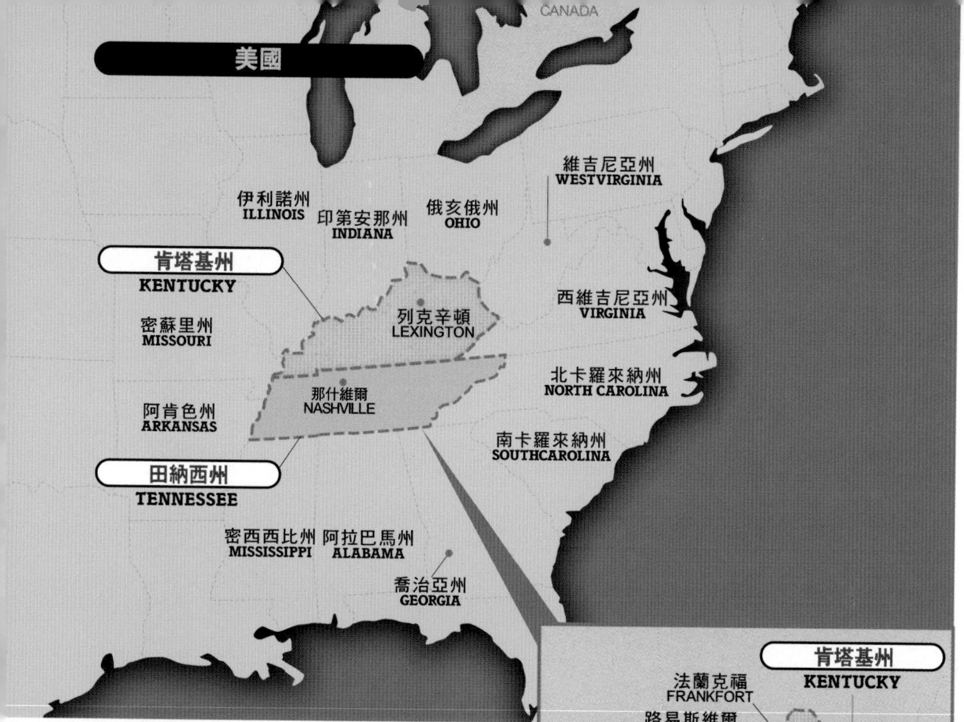

美國威士忌的主要種類

波本威士忌

原料中玉米占五一％以上，在酒精濃度未達八〇％的情況下進行蒸餾，熟成時則選用內側經過燒烤的白橡木桶。經過二年以上熟成的成品稱為純波本威士忌。

裸麥威士忌

原料中裸麥占五一％以上，在酒精濃度未滿八〇％的情況下進行蒸餾，熟成時則選用內側經過燒烤的全新白橡木桶。經過二年以上熟成的成品稱為純裸麥威士忌。

玉米威士忌

原料中玉米占八〇％以上，在酒精濃度未滿八〇％的情況下進行蒸餾，熟成時則選用重複使用過的舊橡木桶，或是內側未經過燒烤的白橡木桶。即使不經完全熟成也可裝瓶。經過二年以上熟成的成品稱為純玉米威士忌。

調和式威士忌

將波本、裸麥及玉米等純威士忌的酒精濃度控制在五〇％左右，並各取二〇％以上使用，剩餘的量則加入其他的威士忌或蒸餾酒加以調和即可製成。

度控制在五〇％，並取出約百分之二十左右的含量，剩餘的量則加入其他的威士忌或蒸餾酒加以調和。而最後裝瓶的成品酒精濃度必須維持在四〇％以上。

　純威士忌的產量約占所有威士忌總產量的一半，而其中絕大部分均屬於波本威士忌。順帶一提，約有八成的波本威士忌產自美國的肯塔基州。

2 波本威士忌的誕生歷史

因反課稅而遁逃西方的移民們 在新土地肯塔基的邂逅

最初以裸麥為主原料所製成的威士忌

美國威士忌的歷史要追溯到十七世紀初，當時英國開始積極地建設位於維吉尼亞州（Virginial）的殖民地詹姆士鎮（Jamestown），並遠從蘇格蘭將蒸餾器運往當地。到了十八世紀時，由蘇格蘭與愛爾蘭遷往新大陸的移民日漸增多，製造威士忌也逐漸在當地興起。而最先吸引這些新移民們目光的原料正是在美洲能夠輕易種植、自給自足的裸麥與玉米。在新大陸拓荒時期，每個拓荒地必定能看見稱為「Sallon」的酒吧，而城市也多是以酒吧為中心構築而成。對當時的庶民而言，酒是生活中不可或缺的重要物品。據說在建國初期的美國是以賓州（Pennsylvania）為主要重鎮，許多移民至此的愛爾蘭人都會釀製大量的威士忌。

一七七六年，美國發表獨立宣言，並在一七八三年結束了獨立戰爭。但在漫長戰事中背負了龐大負債的獨立政府，卻頓時陷入財政困難的拮据局面，在這樣的背景下，政府毅然決定要開始對威士忌的製造販售進行課稅，於是在一七九一年公布了「蒸餾酒類物品稅」（The 1791 Tax）的相關條例。

然而，此舉卻引起製造威士忌的農民們的反彈，越演越烈的抗議行動竟在一九九四年演變成「威士忌大抗爭」（Whiskey Rebellion），而政府也派出了超越獨立戰爭時的一萬五千名軍隊進行鎮壓。最後雖然暫時壓制了暴動，卻使得痛恨課稅的農民開始往位於西邊、當時尚未是美國領土的肯塔基遷移。而在那裡等待農民們的正是產量豐富的玉米，以及製造波本威士忌不可或缺的萊姆石所滲出的水源（Limestone Water）。

傳說中的兩位波本威士忌鼻祖

肯塔基就在上述背景下逐漸發展成波本威士忌的主要產地，然而，波本威士忌的起源至今卻仍然未解。

　較有力的說法分為以下兩種。其一為波本威士忌最早的製造者是一位名叫艾頡・克瑞格（Elijah Craig）的牧師。身為福音教派牧師的他以製造威士忌作為副業，並投注相當大的心力。某次他放置在雞舍的熟成用木桶因失火而被燒焦，當他試著將焦黑的木桶打開時，卻發現桶裡頭流出了前所未見的紅色芳醇液體，而發現了現今製造波本威士忌時不可欠缺的程序——「Char（燒烤木桶）」。他會先將玉米、大麥和裸麥先行混合並過火，糖化之後再混入水，接著加入蘋果與洋李後才進行熟成，最後將其蒸餾過後即為波本威士忌。他所製造的威士忌由於紅色色澤鮮明，因此有著「紅色烈酒」（Red Liquor）「液態紅寶石」（Liquid Ruby）等名稱。但較起人疑竇的是，這位牧師發明波本威士忌的一七八九年，正巧就是美國誕生之年。

　另一位被認為是波本威士忌鼻祖的人物是伊凡・威廉（Evan Williams）。他於一七八三年在肯塔基州的路易士爾（Louisville）發現了萊姆石水，比艾頡牧師早了六年，他也是將其作為製造玉米威士忌用水的第一人。萊姆石是石灰岩的一種，在肯塔基當地隨處可見此種岩層外露，而經過此種岩層過濾滲出的清水即稱為萊姆石水。此水能將會破壞威士忌滋味的鐵分除去，且含有豐富的礦物質，可謂最適合製造波本威士忌的水，而此良質水源的產地肯塔基，更稱得上是與波本威士忌邂逅的最佳場所。

波本威士忌誕生歷程之重要記事

1607	英國開始積極建設位於維吉尼亞州的殖民地詹姆士鎮，並於同時期由蘇格蘭引進蒸餾器，隨著後來由愛爾蘭、蘇格蘭遷入的移民日增，威士忌的製造也逐漸蔚為風潮。
1783	伊凡・威廉在肯塔基州的路易士爾以萊姆石水及玉米製造蒸餾酒。
1789	美利堅合衆國正式成立。 艾頡・克瑞格牧師被認為是製造第一瓶波本威士忌的人。
1791	獨立政府因財政困窘而向威士忌業者課稅，因而招致農民的反彈。終於一七九四年爆發「威士忌大抗爭」，在政府強力鎮壓下，多數農民逃往西邊，並在肯塔基落地生根，開始生產起波本威士忌。
1861	南北戰爭爆發（～1865）。 北部的工業資本轉而移入南部的波本威士忌產業，連續式蒸餾器也在此時期登場，使波本威士忌的產量大增。
1920	政府公布禁酒法（The National Prohibition Act）（～1933）。

爲全世界帶來深遠影響的禁酒法

提到美國的威士忌歷史就不能不說到在一九二〇年公布的禁酒法。因禁酒法的公布而被迫關閉的蒸餾廠雖然為數衆多，但也有幾間以生產藥用酒而獲得營業許可的蒸餾廠得以留存下來。而此法的公布也造成了黑手黨私釀密銷等走私行為更加猖獗，黑心酒品也因此在市場上流竄。當時從加拿大走私進口的威士忌質純而廣受歡迎，於是銷售量日益上升。而另一方面，從歐洲輸入的多屬愛爾蘭與坎貝爾鎮等地所產的劣質威士忌，這些酒隨著禁酒法失效後也失去了消費者的信任。該惡法於一九三三年撤銷。

3 波本威士忌的製造過程

肯塔基州所具備的充足條件與風土氣候，正是孕育出獨特製法與滋味的關鍵

強烈奢華風味背後的祕密

波本威士忌基本的製造作業須依循①糖化、②發酵、③蒸餾、④熟成等四步驟進行。製造流程基本上與蘇格蘭威士忌相同，但只要仔細檢視其製造過程，便能發現當中仍存在著波本威士忌才有的專屬製法。

作為原料使用的穀類基本上是以玉米、裸麥與大麥麥芽等三種為主。此三項原料的比例稱為「調配率」（Mash Building），是相當重要的程序之一。一般而言，玉米約占百分之六十至七十，比例越高威士忌就越為香甜芳醇；若裸麥的比例越高，威士忌的口味就會越顯辛辣而厚重；而當使用小麥來取代裸麥時，威士忌便會呈現圓熟甜潤的口感。

在糖化與發酵過程中，波本威士忌也有其獨特的特色存在，其中之一稱為「酸醪製法」（Sour Mash），此方法是從前次蒸餾產生的殘留液體中濾出澄液，再將其中的百分之二十五注回糖化槽與發酵槽中。據說，這麼做不但可提升糖化與發酵條件，還能使威士忌的風味與香氣更為複雜。

在蒸餾方面，主要是使用連續式蒸餾器進行蒸餾。雖然法律明文規定必須在酒精濃度未滿八〇%的情況下加以蒸餾，但實際上多在酒精濃度達六〇～七〇%

波本威士忌的獨特製法

●使用內側經過燒烤的全新橡木桶進行熟成

波本威士忌之所以能夠具有如此強烈刺激的風味，其中一項主因便是採用稱為「Char」（燒烤木桶）的方式熟成，此熟成法也有等級上的差異，能否掌握好木桶燒烤程度為此製法的關鍵。

●酸醪製法

由前次蒸餾廠產生的殘留液體中濾取出澄液（從無酒精的殘液中將凝固的部分去除後所剩的液體），並將其中的二五%注回糖化槽與發酵槽中的製法。pH值在經過調整後，便能夠提升糖化條件並為威士忌增添獨特的香氣，此外還能抑制雜菌的繁殖，並加強酒質的連續性。

●開架式存放法

在熟成庫房中以木材組合的棚架存放，為維持自然通風的順暢，庫房中的窗戶均會保持敞開的狀態。熟成庫房多以七層樓高的大型建築為主，而隨著木桶放置的位置不同會產生溫度上的差異，熟成度也會隨之改變。

即進行蒸餾，相較於蘇格蘭穀類威士忌的九四%，這明顯低了許多。

也因此波本威士忌的香氣能夠更完整地被保留，並且呈現出奢華而強烈的風味。

在熟成作業上，波本威士忌仍堅持以內側經過燒烤的新橡木桶為主，如此方能使完成的酒帶有強烈香氣。橡木桶材質為美國產的白橡木，由於肯塔基當地周圍均是茂密的橡木林，因此在材料上自是不虞匱乏。

另外，在熟成庫房中採用的是開架式的存放法。用橡木組成棚架並使窗戶維持開放狀態，藉由自然的通風進行熟成為較普遍的方式。肯塔基當地夏日的氣溫高達二〇℃，但一到冬天又會降至零下二〇℃的低溫，如此懸殊的溫差使得波本威士忌熟成的時機更加難以掌握。一般而言，波本威士忌的特徵是熟成速度要比蘇格蘭威士忌來得更快，但仍會隨著橡木桶種類與熟成方式而有所差異。

何謂小批生產的波本威士忌（Small Batch Bourbon）？

從熟成至巔峰的橡木桶中嚴選五～十桶原酒（一般威士忌會挑選數十桶）並加以調和，以少量生產的方式製成的波本威士忌。另外，「單一酒桶波本威士忌」則是從熟成至巔峰的橡木桶中選出一桶，不加入其他原酒直接裝瓶製成的波本威士忌。兩者在近年來均擁有極高的人氣。

原品博士波本威士忌
Booker's
→P188

由金賓公司的布卡諾（Booker Noe）以手工方式完成的波本酒款。為極受歡迎的小批生產波本威士忌之一。

何謂「田納西威士忌」？

波本威士忌是基於法律規定而加以分類，而田納西威士忌（Tennessee Whiskey）正如其名，是田納西當地生產的威士忌。其最大的特徵在於經過「木炭過濾法」（Charcoal Mellowing）的處理，也就是將剛蒸餾過的原酒以田納西州產的糖楓木（Sugar Maple）燃燒後的木炭過濾，過濾槽中須裝滿細碎的炭塊並擁有三公尺以上的深度，然後讓原酒一滴滴地滲過過濾層，此作業共需十天。其餘製程則與波本威士忌相去不遠，但透過此方法所製造的田納西威士忌會帶有順暢而潤醇的口感。

你一定得先品嚐的
推薦酒款！

在此推薦正準備進入威士忌世界的朋友四款美國威士忌與一款加拿大威士忌，
期能作為選購時的參考。
加拿大威士忌與美國波本威士忌之間的差異雖小，
但風味與口感仍各有所長。
請以此處推薦的酒款作為入門的踏板，向更多種類的酒款挑戰吧。

美格波本威士忌
MAKER'S MARK red top

→P197

堅持手工製造而僅能少量生產，主打柔醇風味，是款有深度的好酒！

以人工方式用紅色封蠟封瓶，貫徹細緻作業下僅能少量生產的特色。
以小麥取代裸麥所造就的風味，既濃醇而圓潤順口。在柔和的口感之中也能品嚐到奢華豐潤的滋味。

四玫瑰波本威士忌
FOUR ROSES

→P194

以四朵優雅綻放的玫瑰作為商標，是擁有甜蜜香氣與滑順口感的酒款！

調和香氣各異的十種原酒製造而成。
各種原酒相互融合，使酒質具備滑順雅醇的絕妙滋味。酒液散發著波本桶特有的甘甜氣味，是款能令飲用者心神舒暢的酒款。

以斯拉布魯克斯波本威士忌

EZRA BROOKS

→P192

兼具柔順口感與豐潤香氣，近似平衡度佳且滋味美妙的波本酒！

玉米占原料的比例甚高，經過確實仔細地蒸餾所生成的滋味，既柔順又保有豐潤的香氣。與波本酒極為相似的完美平衡度，令人不禁想要細口啜飲來品嚐每一絲香醇。

野火雞波本威士忌

WILD TURKEY 8

→P202

堅持傳統製法使其滋味至今依然如昔，酒質深沈濃厚且具有男性剛烈氣息的酒款！

號稱「波本酒之王」，為擁有許多愛好者的知名酒款。
傳統的飽實風味未曾改變，散發男性氣質的強烈口感與豐郁的香氣為其魅力所在。

加拿大俱樂部威士忌

CANADIAN CLUB

→P211

香氣撩人、滋味輕盈而純粹，足以代表加拿大威士忌的酒款之一！

口感輕盈滑順而感受不到雜味，清爽豐富的風味蘊含其中。可謂加拿大威士忌的代表酒款。
順暢易飲，不帶給味覺任何負擔。相當適合作為雞尾酒的基酒使用。

美國威士忌・酒款型錄

American Whiskey Catalog

BLANTON'S

布蘭登波本

嚴選酒桶原酒再行熟成，堅持完美製法的單一酒桶波本威士忌

為安傑特艾吉公司（Ancient Age），即今日的水牛城遺跡酒廠（Buffalo Trace）為紀念肯塔基州法蘭克福市建立市制二百週年，特別於一九八四年發售的單一酒桶波本威士忌。酒款名稱是取自於長年於該公司服務、有著「Dean of Kentucky」（肯塔基長老）之稱的波本威士忌名人艾伯特．布蘭登（Albert Blanton）。製造時調酒師會先一桶一桶地細細品嚐經過四年熟成的原酒，並從中嚴選出最適合用於調和的原酒，然後再進行四～六年的熟成作業，最後所得的才是用於布蘭登波本的原酒。再次熟成時會將原酒放入特別建造的熟成庫房＝H庫房之中，熟成結束後由同一個木桶中取出並裝瓶。瓶身標籤上會以手寫方式清楚標明出庫的日期、木桶編號、裝瓶編號等。布蘭登波本有著波本桶特有的陽剛風味，深沈堅實的口感中不乏圓融和醇的滋味。如同糖果般的甜味也會隨著酒液在口中蔓延開來。

TASTING Note

布蘭登波本威士忌

750ml・46.5%

色澤	深紅茶色。
香氣	近似乾果般的乾澀香味十分明顯，如萊姆葡萄般的香氣。
風味	在萊姆葡萄的甜味中帶著些許的苦澀味。
整體印象	口感芳醇厚實，酒質平衡協調，也能清楚地品嚐到充滿深度的滋味。

DATA

製造廠商	布蘭登酒廠（Blanton Distilling Company）
創業年份	1984年
產　　地	Frankfort, Kentucky

LINE UP

布蘭登波本黑牌（750ml・40%）

布蘭登波本金牌（750ml・51.5%）

BOOKER'S

原品博士

年產量僅約六千瓶的小批生產威士忌，協調的酒質與芳香創造出絕妙的滋味

於一九九五年迎接創立二百週年的金賓公司所推出的「Small Batch」（小批生產）波本威士忌，酒款名稱為原品博士，是年產量僅約六千瓶的限量珍品。此酒款是由金賓家族直屬第六代的布卡諾（Booker Noe）親手製造。造酒時先精選經過六～八年熟成的波本原酒，並經調酒師實際品嚐後，再從中選出熟成至極致的高品質原酒。製造時不攙加多餘的水也不進行過濾，而是直接將自木桶中取出的熟成原酒裝瓶，此稱為Barrel Proof方式（保持木桶中的原酒濃度），成酒的酒精度數約在六三％左右。手工製作的標籤上仔細地寫著「全程手工製造的頂級波本威士忌」，製造者的姓名也是親筆簽在每一瓶的瓶身標籤上。原品博士有著植物性的芳香與平衡感極佳的酒質，融順圓醇的口感能令飲用者彷彿感受不到高濃度的酒精。入喉後的尾韻既綿長且深奧。

DATA

製造廠商	金賓酒廠
創業年份	1795年
產　　地	Clermort, Kentucky

LINE UP

金賓酒廠的小批生產波本威士忌系列酒款
- 留名溪波本威士忌（Knob Creek）（750ml・50%）
- 貝家傳世威士忌（Bakers）（750ml・53.5%）
- 巴素海頓波本威士忌（Basil Haydens）（750ml・40%）

TASTING Note

原品博士波本威士忌

750ml・62.7%

色澤	偏濃的錫蘭紅茶色，近似剛上漆的家具色澤。
香氣	在高濃度酒精的刺激下，會令品酒者感到如辣椒般的辛香味，但放置一段時間後會逐漸轉變為蜂蜜般的甘甜香氣。
風味	酒精濃度高，但酒質意外地順潤易飲。入口後會傳來撲鼻般的滋味與樹木香氣。
整體印象	風味強烈厚實，仔細品嚐將有驚喜發現。

EARLY TIMES

時代波本

擁有輕盈雅致的甜味及口感，受女性消費者喜愛的長銷型威士忌

在南北戰爭開戰前年，也就是一八六〇年時，時代波本威士忌於肯塔基州的雅利提姆斯村（Early Times Village）誕生，並在廣大愛好者的支持下銷量逐步成長，然而，在禁酒法實施後的一九二三年，此品牌便被當時以「老伏斯特」（Old Forester）酒款打響知名度的百富門（Brown Forman）企業收購。此後，時代波本便移至位於路易維爾（Louisville）的蒸餾廠進行生產。調配率（Mash Building，指作為原料的玉米、大麥、裸麥的比例）均依循傳統，並使用經萊姆石過濾的泉水作為造酒用水。另外，酵母也是由蒸餾廠自行製成，熟成則於能夠自由調節溫度與濕度的現代儲藏庫中進行最有效率的作業。由於自家企業也擁有製桶工廠，因此能以最佳品質的木桶進行熟成，這點也是時代波本的優勢所在。其擁有輕盈的口感與醇甜的香氣，柔順易飲的優點使其相當受到女性的歡迎。「時代波本棕牌」是針對日本所開發的酒款，深沈濃醇的風味比起其他酒款更加強烈。

TASTING Note

時代波本棕牌波本威士忌

700ml・40%

色澤	深紅茶色。
香氣	如槿花般的芳香，另帶有如香柱般的氣味。
風味	較輕淡卻不失波本威士忌的風味。高雅柔緻的口感令飲用者不忍止杯。
整體印象	有著柔順醇暢的優點，能輕易入喉而不帶嗆辣味。

DATA

製造廠商	時代波本酒廠（Early Times Distillery）
創業年份	1860年
產　　地	Louisville, Kentucky

LINE UP

時代波本黃牌（700ml・40%）

ELIJAH CRAIG

錢櫃波本

耗費二十五年精製而成，「波本威士忌之父」自豪的夢幻逸品

在肯塔基拓荒時代有位新教浸禮派牧師艾頡・克瑞格（Elijah Craig），他於一七八九年以玉米、裸麥、大麥作為原料製成了第一瓶波本威士忌，因而使他擁有「波本威士忌之父」的稱號。美國最大的蒸餾公司海文希爾（Heaven Hill）為製造出自豪的波本威士忌，耗費了二十五年的時光進行企畫生產，最後創造出的成品便是此款錢櫃波本威士忌。於一九八六年以限量生產方式發售的高極品「錢櫃波本12年」有著「液態紅寶石」的美稱，其泛著紅暈的色澤，常令飲用者不禁想起艾頡牧師的波本威士忌，擁有程度適中的厚實滋味，含於口中時甘醇濃厚的花香也會同時逸散開來。而於一九九五年發售的「錢櫃波本18年單一酒桶」則選用了熟成十八年的精製原酒，是在不經調和的情況下直接裝瓶而成的波本威士忌。如同白蘭地般的芳醇香氣與充滿深度的滋味令人拍案叫絕。

DATA

製造廠商	艾頡克瑞格酒廠（Elijah Craig Distillery）
創業年份	1986年
產　　地	Bardstown, Kentucky

LINE UP

錢櫃波本單一酒桶18年（750ml・45%）

TASTING Note

錢櫃波本12年波本威士忌

750ml・47%

色澤	深紅茶色。
香氣	如同甜栗子般的醇熟香氣，如剛烤好的餅乾般香氣四溢。
風味	滋味豐潤，能感受到大麥與裸麥的風味。酸味略強。
整體印象	尾韻深長而持久，香氣為其主要魅力。

EVAN WILLIAMS
伊凡威廉

熟成時間長於一般波本威士忌，濃郁芳香帶有男性般的剛烈氣息

此款伊凡威廉早期是在拓荒初期的肯塔基州的路易維爾發現從萊姆石湧出的泉水後，以玉米作為主要原料所製成的蒸餾酒。其名稱來自與艾頡・克瑞格牧師齊名的另一位波本威士忌鼻祖——伊凡・威廉。標籤上的「SINCE 1783」即是伊凡威廉開始從事蒸餾工作的年份。目前此酒是由美國最大的蒸餾公司Heaven Hill酒廠所生產，擁有全球銷量第二的傲人成績而成為該企業的主力酒款。濃郁的芳香與充滿力量的陽剛風味，使其在以清淡為主流的波本威士忌中別具一格。一般的「黑牌威士忌」所使用的原酒熟成期間約為三～四年，然而，此款伊凡威廉波本威士忌則是採用熟成五～八年的原酒加以調和並進行長期熟成的威士忌，因此具有格外柔醇滑順的口感。而清楚標示著調和年份及裝瓶日期的「伊凡威廉單一酒桶」則是堅持多項製造原則所造就的醇美逸品。

TASTING Note

伊凡威廉黑牌威士忌

750ml・43%

色澤	深紅茶色。
香氣	如洋李、半熟的薄餅及些微的蜂蜜芳香。放置一段時間後香味會愈顯甘甜。
風味	以辛辣感為主體。另有著桃子般的尾韻。滋味濃郁而不易散去，入喉後會感到苦澀味。
整體印象	男性般的攻擊形象強烈，衝擊力十足的波本威士忌代表。

DATA

製造廠商	伊凡威廉酒廠 （Evan Williams Distillery）
創業年份	1935年
產　　地	Bardsttown, Kentucky
	http://www.evanwilliams.com/

LINE UP

- 伊凡威廉12年（750ml・50.5%）
- 伊凡威廉單一酒桶（750ml・43.3%）
- 伊凡威廉23年（750ml・53.5%）

EZRA BROOKS

以斯拉布魯克斯

「最出色的小型蒸餾廠」所生產的威士忌

「以斯拉魯克斯」的製造廠商是於一九六六年榮獲政府表彰為「肯塔基州最出色的小型蒸餾廠」的霍夫曼（Hoffmann）蒸餾廠。當時此酒款是為了與一九六〇年代的知名酒款「傑克丹尼」（Jack Daniel's）分庭抗禮而推出，後來該蒸餾廠由波本威士忌的知名企業梅杜雷（Medley）接管，此酒款並搖身一變成為該企業的主要酒款。而目前的負責人為密蘇里州的迪瓦特夏曼企業（David Sylvian）。以斯拉布魯克斯的原料中玉米比例偏高，由於蒸餾溫度低且刻意壓低酒精濃度，因此方能造出滋味順暢芳醇的產品。標籤上清楚標示著「為品嚐到最純粹的酒質與風味，請以啜飲的方式緩慢地飲用」。一般的以斯拉布魯克斯需經四年以上熟成，而熟成七年以上的則可稱為「老以斯拉」（Old Ezra）。「老以斯拉15年」是針對日本市場所開發，是款經長期熟成而擁有芳郁香氣與口感的醇酒。

DATA

製造廠商	以斯拉布魯克斯酒廠（Ezra Brooks Distillery）
創業年份	1950年代（霍夫曼蒸餾廠）
產　　地	St. Louis, Missouri

LINE UP

- 老以斯拉7年（750ml・50.5%）
- 老以斯拉12年（750ml・50.5%）
- 老以斯拉15年（750ml・50.5%）
- 以斯拉布魯克斯Special Reserve（750ml・47%）
- 以斯拉單一酒桶B12年（750ml・49.5%）

TASTING Note

以斯拉布魯克斯波本威士忌

750ml・45%

色澤	帶有濃厚的紅色，顏色如同作工精細的皮革。
香氣	有著花朵般的芳香及柔緻的甘甜香氣。如卡士達奶油、布丁。香氣十分多變。
風味	如香草般口感柔軟醇順。酒精濃度偏低卻厚實。帶些許酸味，但無損酒的美味。
整體印象	香氣與滋味間相當平衡，酒液飄散著明確厚實的波本風味。

FIGHTING COCK

鬥雞波本

彷彿能感受到鬥雞強力踢腿般的濃厚滋味，名符其實的波本烈酒

「Fighting Cock」中文直譯為「鬥雞」。在波本威士忌逐漸偏向清爽淡雅的趨勢中，此款波本威士忌仍持續反向操作，堅持早期象徵男性般的強烈風格與滋味，是將鬥雞波本威士忌的生產據點移至邦漢姆蒸餾廠（Bernheim）的海文希爾企業所製造的多款名酒之一，包括熟成作業及商品化均由公司一手包辦。就如標籤上所標示的內容一樣，鬥雞波本威士忌有著「103」（103 proof＝酒精濃度51.5%）的高酒精濃度。網站首頁上也清楚標示著，「為表現出強烈濃厚的口感與滋味，鬥雞波本以裸麥代替小麥作為原料。」「鬥雞波本 6 年」與「鬥雞波本15年」兩者風味迥然不同。將「鬥雞波本 6 年」含於口中時，能感到確實地擴散開來的香氣，但入喉時的滋味卻相當順暢融順。而「鬥雞波本15年」則有著厚實強烈的滋味，經長期熟成所得的芳醇香氣與洗鍊的酒質為其主要特色。

TASTING Note

鬥雞波本6年威士忌

750ml・51.5%

色澤	酒液顏色濃且深，如橡皮糖與麵疙瘩般的顏色。
香氣	開瓶時會聞到酒精臭味，且會持續好一陣子，接著能聞到穀類的香氣與木桶沈香。
風味	辛辣。入喉後會從喉頭升起一股嗆鼻的烈味。
整體印象	幾乎感覺不到甜味，滋味分明而厚實，主要為偏烈的辣味。

DATA

製造廠商	Fighting Cock酒廠
創業年份	一
產　地	Bardstown, Kentucky
	http://www.fightingcock.com/

LINE UP

鬥雞波本15年（750ml・51.5%）

FOUR ROSES

四玫瑰波本

由數種不同的原酒孕育而出，香氣四溢的「玫瑰波本」

「四玫瑰波本」誕生於一八八八年。原本在喬治亞州亞特蘭大經營酒廠的保羅・瓊斯（Paul Jones），於一八八六年將酒廠遷移至肯塔基州的路易維爾，並在該年登錄此酒款的商標。而酒款之所以名為「四玫瑰」，則是因為瓊斯曾對某位南方女孩一見鍾情，進而向她求婚，那女孩回答，「下次舞會若你看見我胸前配戴著玫瑰花飾的話，便表示我答應了。」當天晚上，女孩果然在胸前配戴著四朵深紅玫瑰出現在舞會上。該公司後來被施格蘭企業收購，並於一九四〇年後半遷至勞倫斯堡（Lawrenceburg）。此後，施格蘭公司在生產四玫瑰波本威士忌時加入獨門配方，並堅持自家酒廠的製造方式；其中一項便是嚴選優質的原料與酵母，並分別製出香氣各異的十種原酒後，再以絕妙的調和方式將其完美組合，如花朵與果實般的淡雅香氣與柔醇順緻的滋味也是由此而來。

DATA

製造廠商	Fours Roses Distillery LLC
創業年份	1865年
產　　地	Lawrenceburg, Kentucky
	http://www.fourroses.us/

LINE UP

- 黑牌四玫瑰（700ml・40%）
- 白金四玫瑰（750ml・43%）
- 純橡木桶四玫瑰（750ml・50%）

TASTING Note

四玫瑰波本威士忌

700ml・40%

色澤	橙色較濃的烏龍茶色。
香氣	蜂蜜醃木瓜的芳香，以及木材沈香、尚未成熟的香蕉皮、草原般的自然香氣等。
風味	有著溫和圓潤的口感，如外國的巧克力及可可亞粉。
整體印象	滋味醇而不烈，即使長時間飲用也不易對味覺造成負擔，是款讓人能放鬆地享受的醇酒。

I.W.HARPER

哈伯

擁有柔醇、滑順易飲的滋味，在日本同樣大受歡迎的都會威士忌

「I. W. Harper」的創造者是來自德國的移民艾札克・烏魯夫・邦漢姆（Issac Wolfe Bernheim）。他將自己姓名的縮寫「I. W.」以及無可取代的好友姓名「Harper」組合使用，而成了今日的哈伯威士忌。最初打著優質波本威士忌的名號自立品牌，到了一八七九年才正式登錄商標。此款威士忌從一八八五年到一九一五年間在世界各地的威士忌博覽會中屢屢獲獎，共擁有五面金牌與來自各方的極高評價，終於在一八九七年於邦漢姆（Bernheim）蒸餾廠開始獨立生產。其酒質屬中等，介於清淡與厚重之間。由於原料中玉米的比例高達百分之八十六，使得酒液擁有柔醇綿長的滋味，而略帶甜味的穩實尾韻為其特色。另外，哈伯威士忌均是置於溫度變化較小的磚瓦建築中熟成。於一九六一年問世的「哈伯12年」是高級波本威士忌的先驅，帶著都會般形象的哈伯威士忌在日本也擁有相當高的人氣。

TASTING Note

哈伯金牌波本威士忌

700ml・40%

色澤	泛著些許黃綠的琥珀色。
香氣	香草、蜂蜜、柑橘系的水果香氣與些微的薄荷香味。溫和而不易聞到過濃的酒精味。另有巧克力般的淡淡甜味。
風味	如蜂蜜般的甘甜滋味會自然地暈散。
整體印象	滋味綿延深長，無論加水或加冰塊均能維持一定的風味。

DATA

製造廠商	I. W. Harper Distillery
創業年份	1877年
產　　地	Louisville, Kentucky

LINE UP

哈伯12年（750ml・43%）

JIM BEAM

金賓

出自有兩百年歷史的名家之手，穩居銷售龍頭的人氣威士忌

創立於一七九五年的金賓酒業集團至今已擁有兩百年以上的歷史，波本威士忌的累積銷量也穩居世界龍頭寶座。創立者捷克夫賓（Jacob Beam）為來自德語系國家的移民，在來到肯塔基州的巴茲敦（Bardstown）後便展開了生產威士忌的事業。此處有著澄澈的地下水與良質的玉米及裸麥，白橡木林更是遍布周圍，使此地成為製造波本威士忌的絕佳環境。後來金賓家族的子孫們也繼承了此造酒事業，到了第四代時，便開始改用自家培養的酵母，並提高裸麥的使用比例及搭配酸醪製法進行發酵，在金賓家族的獨傳祕訣加持下，擁有獨特風味的金賓威士忌於焉誕生。作為主力酒款的「金賓白牌」經過四年熟成，是軟式波本威士忌的代表性酒款之一。其擁有花香與近似紅酒般的風味，口感輕盈易飲。「金賓黑牌 8 年」則有著圓潤成熟而順暢的口感。

DATA

製造廠商	金賓酒業集團（Jim Beam）
創業年份	1795年
產　　地	Clermont, Kentucky
	http://www.jimbeam.com/

LINE UP

金賓精選（700ml・40%）

金賓黑牌8年（700ml・43%）

TASTING Note

金賓波本威士忌

700ml・40%

色澤	深紅茶色。
香氣	近似香草、檸檬、樹木沈香、肉桂土司般的香氣。氣味溫和但不濃郁。
風味	輕盈易飲，如同牛奶糖般的風味，甘甜而具有令人懷念的滋味。
整體印象	滋味清爽而沒有多餘的殘味，能令人在不自覺間喝完杯中的醇酒。

MAKER'S MARK

美格

重視品質而堅持少量生產，以濃醇滋味為賣點的深度威士忌

Maker's Mark是生產波本威士忌的蒸餾廠中規模最小的。經營者薩密艾魯茲家族（Samuels）自十九世紀初期便開始從事威士忌的蒸餾事業，但直到一九五三年才由第四代的比爾．薩密艾魯茲（Bill Samuels Sr.）首度獨立創業。原本位於巴茲敦南側羅雷特（Loretto）、形同廢墟的蒸餾廠在經修建後，成為相當重要的國家史蹟。美格蒸餾廠秉持著「威士忌應以最高級的原料製造，並以手工少量生產」的理念所開發出的便是此款「美格波本威士忌」。在原料的選擇方面，美格是以冬小麥取代裸麥，而使酒液具有圓潤的口感與芳醇的香氣。用於粉碎穀類的製粉機及設定蒸餾度數的各項程序均承襲古法，最具特色的紅色封蠟也是以手工製作。作為標準酒款的「美格紅頂」幾乎不帶任何的木桶苦澀味，只會令人感受到輕盈甘醇的純粹滋味。

TASTING Note

美格紅頂波本威士忌

750ml・45%

色澤	紅茶色。
香氣	有著清新鮮明的香氣，而且會逐漸地轉變為香草香氣。略帶柑橘般的香味。
風味	香草風味會殘留於舌尖，鮮明的滋味能令飲用者留下深刻印象。
整體印象	舌尖能感受到柔順潤口的滋味，但整體風味也充滿高級感。能帶給飲用者宛如聆聽爵士樂般的明快節奏與層次。

DATA

製造廠商	Maker's Mark Distillery
創業年份	1953年
產　　地	Loretto, Kentucky
	http://www.makersmark.com/

LINE UP

※「美格黑頂」目前已停止生產。

NOAH'S MILL

諾亞米爾

由家族經營的小型蒸餾廠堅持以「手工製作」的波本威士忌

「Noah's Mill」為肯塔基州巴茲敦中最小型的蒸餾廠所產，是肯塔基波本酒廠出產的限量威士忌。該酒廠並不附屬於任何大型酒業集團，而是以家族經營的方式持續生產著高品質的波本威士忌。基於少量生產的理念與精密製程所開發出的便是質地細緻的手工波本威士忌（Handmade Bourbon）。所使用的原酒是向海文希爾公司購得，經酒廠自行熟成後，再嚴選熟成至巔峰的桶裝原酒進行裝瓶。其高品質在倫敦的《Wine International》雜誌中也獲得相當高的評價。耗費十五年的漫長時間仔細熟成的諾亞米爾波本威士忌風味多變且口感柔和，酒質的平衡度也具備相當的水平。酒精濃度雖高達五七．一五%，但入喉時卻十分順暢，且能感到甘甜雅致的香氣在口中擴散。在多項堅持下所造出的厚實酒質，使其成為酒客愛不釋手的珍品。

DATA

製造廠商	肯塔基波本酒廠（Kentucky Bourbon Distillers Ltd.）
創業年份	禁酒法頒布以前（1936年復業）
產　地	Bardstown, Kentucky

TASTING Note

諾亞米爾15年波本威士忌

750ml・57.15%

色澤	烏龍茶色。
香氣	有著如香草、剛烤好的餅乾、生奶油般的香氣，另帶著些許油性筆的氣味與樹木的沈香。
風味	能嚐到厚實的熟成感，有著糖果般的甜味與奶油的滋味。
整體印象	酒質醇潤而不嗆辣，顛覆波本威士忌定義的酒款。

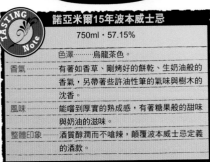

OLD FORESTER

老伏斯特

以製造優質波本威士忌為目標，為第一家出產瓶裝產品的廠商

老伏斯特與時代波本同樣都是百富門企業推出的酒款。該企業於一八七〇年由來自蘇格蘭的移民喬治布朗（George Garvin Brown）所創立。當時以木桶方式販售的波本威士忌多為粗製濫造的劣質品，為在此風氣中做為一道清流，喬治・布朗以製造出高品質的波本威士忌為目標，於一八七四年推出了業界第一支瓶裝波本威士忌，並在標籤上以親手書寫的方式簽下了品質保證的文字，並於最後註明「There in nothing better in the market」（此為市場上最棒的波本威士忌）。此酒在上市後立刻博得了各方的好評，其滋味至今仍歷久不變。此酒款的名稱是取自於布朗所崇拜的南北戰爭南軍名將列山培特佛・伏斯特（Nathan Bedford Forrest）的名字。酒質中充滿了雅致的水果芳香，並有著波本威士忌特有著強烈尾韻。

TASTING Note

老伏斯特波本威士忌

750ml・43%

色澤	偏濃橙色。
香氣	有著白胡椒與肉桂粉的香氣。放置一段時間後會聞到柳橙皮般的香氣與些許甜味。
風味	溫和而帶有蜂蜜般的甘甜。入喉後口中會殘留著些許辛辣與苦味。
整體印象	如花朵般輕盈溫和，屬於易飲的波本威士忌。

DATA

製造廠商	Old Forester酒廠
創業年份	1870年
產　　地	Louisville, Kentucky

OLD GRAND-DAD

老祖父

秉持傳統製法至今未變，有「偉大祖父」之名的波本威士忌

「Old Grand-Dad」的歷史可追溯到一七九六年設立的蒸餾廠。創立者為巴素・海頓（Basil Hayden），即是繪於瓶身上的人物。一八八二年，家族第三代的雷蒙德・B・海頓（Raymond B. Hayden）為了紀念敬愛的祖父，便將自家公司生產的威士忌命名為「老祖父」。爾後蒸餾廠幾經易手，現在是由金賓酒業集團的工廠代為生產，然而，傳統製法並未因蒸餾廠易主而有所改變，仍堅持採用少玉米多裸麥的原料比例持續製造出懷舊的濃厚風味。獨特的香味與清晰的口感使其擁有廣大的愛好者。「老祖父114」（Proof）是直接由木桶取出裝瓶、酒精濃度高達五七%的酒款，滋味芳醇而酒質強烈，是款經過精心琢磨而平衡度佳的高級威士忌。「老祖父86」酒精濃度為四三%，口感雖順暢但仍有著相當明顯的辛辣味與充滿深度的香氣。

DATA

製造廠商	The Old Garnd-dad Distillery
創業年份	1796年
產　　地	Frankfort, Kentucky

LINE UP

老祖父114（750ml・57%）

TASTING Note

老祖父86波本威士忌

700ml・43%

色澤	濃郁、有著如醬油般的深邃色澤，略偏濃橙色。
香氣	氣味會竄入鼻腔深處而造成刺激感。如可可亞粉、卡士達奶油、胡椒般的香味。另帶著些許酸味。
風味	香氣掩蓋了強烈的酒精味，飲用者多只會感到甜味。另有著苦巧克力般的尾韻。
整體印象	濃烈的酒精味、甜味、苦味及香氣構築出標準波本威士忌的特色。有著男性般的強烈風味與濃厚的甘醇滋味。

VERY OLD ST. NICK

老聖尼克

三人同心協力製造的烈酒，每年僅生產兩次的「聖人尼克波本威士忌」

以擁有大型蒸餾廠的海文希爾公司所生產的原酒為核心，由老聖尼克公司進行長期熟成並裝瓶的高級波本威士忌。此酒是秉持製造最高品質的威士忌之理念所製成，所有生產流程僅由三人通力完成。由於人手不足，因此每年僅能生產二次，即便如此仍堅持全程手工製造。繪於瓶身標籤上的人物即是品牌名稱「尼克爺爺」。據說此人是在禁酒法時期住在肯塔基森林深處的聖者，會在每年接近聖誕節時將秘藏的波本威士忌賣給特定人士。而被讚頌為「聖人尼克的波本威士忌」的夢幻酒款即以「老聖尼克威士忌」之名於現代重新復活。其擁有芳醇的香氣與圓融的滋味，也不乏波本威士忌特有的野性酒質與辛辣口感。熟成年數從八年到二十年的酒款不一而足，隨著熟成年數增加，酒液也會愈加柔順。

TASTING Note

老聖尼克波本威士忌8年

750ml・43%

色澤	略濃的紅茶色。
香氣	酒液中隱藏著少許薄荷腦的香氣，另有著胡椒、木材般的香氣。也接近香草、葡萄乾的味道。
風味	甘醇而不膩，有著如肉桂般的調味料風味。
整體印象	具深度而濃厚的滋味讓人難以忘懷。

DATA

製造廠商	Very Old St. Nick酒廠
創業年份	—
產　　地	Bardstown, Kentucky

LINE UP

老聖尼克15年（750ml・53.5%）
老聖尼克17年（750ml・47%）
老聖尼克20年（750ml・47%）

WILD TURKEY

野火雞

如於瓶身昂然而立的「野生火雞」之陽剛形象，為包容多種風味、滋味芳醇的烈酒

「Wild Turkey」為奧斯丁・尼可魯茲公司（Austin Nichols）於禁酒法解禁後推出的新酒款。該公司職員湯瑪斯・馬卡西（Thomas McCarthy）每年均會前往獵捕火雞，而他所攜帶的波本威士忌每每受到同行友人的好評，甚至會要求他隔年再帶著同樣的威士忌前來。於是，他便將該波本威士忌取名為「野生火雞」，並開始正式生產。該酒款於一九七一年被位於肯塔基州羅倫斯堡的利匹（The Ripys）蒸餾廠收購，但其滋味並未因此而有所改變，風味仍保持當初鮮明豐富的波本威士忌形象。野雞威士忌長久以來均依循古法製造，發酵槽所使用的材料為雪松，原料中的裸麥及大麥麥芽比例也高，並使用自家培養的酵母進行蒸餾。在蒸餾時會將蒸餾度數設得較低再進行蒸餾。野火雞威士忌所特有的深邃苦味及芳醇香氣便是由上述製程而來。擁有101 proof（50.5%）的「野火雞8年」也是在發售當初即設定好酒精濃度。

DATA

製造廠商	奧斯丁・尼可魯茲酒廠（Austin Nichols）
創業年份	1855年
產　　地	Lawrenceburg, Kentucky
	http://www.wildturkeybourbon.com/

LINE UP

野火雞標準酒款（700ml・40%）
野火雞（700ml・50.5%）
野火雞12年（700ml・50.5%）

TASTING Note

野火雞8年波本威士忌

700ml・50.5%

色澤	大吉嶺紅茶色。
香氣	如橡木桶、卡士達奶油、肉桂粉、糖果般的香氣。
風味	辛辣中帶著如花蜜般的甘醇及桃李般的滋味。
整體印象	強烈的風味與高雅的香醇口感同時竄出，深邃的滋味會深刻地滲入全身。

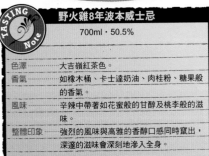

WOODFORD RESERVE

渥福

來自重生的名蒸餾廠，具備果實芳香的全新波本威士忌

渥福蒸餾廠原本是一八一二年以老奧斯卡帕本（Old Oscar Pepper）之名建立於法蘭克福南方的蒸餾廠，到了一八七八年時改名為雷伯&葛哈姆蒸餾廠（Labrot & Graham），擁有悠久歷史的蒸餾廠，所生產的波本威士忌品質均屬上乘，因而在一九四〇年被百富門企業所收購。然而，至一九七三年時仍面臨關閉的命運。直到一九九四年時才經由重建而得以重新營運，並於當年引進三座所有波本威士忌蒸餾廠當中首見的銅製單式蒸餾器，蒸餾時也採用三次蒸餾的方式，而且發酵槽中也裝設有雪松製的舊式設備。該蒸餾廠自一九九六年九月展開蒸餾作業，與同公司旗下另一處歷史悠久的蒸餾廠相同，均堅持以小批生產的模式持續經營至今，其威士忌的風味也廣受各大蒸餾廠好評。除了純粹清澈的酒質與果實般的芳香外，飲用者也能感受到橡木桶香及甘醇滑順的滋味。

TASTING Note

渥福波本威士忌

750ml・45.2%

色澤	明亮華麗的琥珀色。
香氣	偏淡的木桶沈香，些微的香草與橘皮氣味。有著勾人食欲的芳香。
風味	甜味適中，既不過甜也不會太淡，能含於口中仔細品嚐其風味。酒精味並不如實際濃度般強烈。
整體印象	雖無特別強烈的特色，但整體散發著清新質醇的芳香，可藉由調酒方式細細品嚐。

DATA

製造廠商	渥福酒廠 （The Woodford Reserve Distillery）
創業年份	1878年
產　　地	Versailles, Kentucky

JACK DANIEL'S

傑克丹尼

有著「田納西茶飲」的暱稱，具備奢華多變的香氣與融潤圓醇的滋味

「Jack Daniel's」為田納西威士忌的一種。當地在法律上雖已明定波本威士忌的製造過程，然而，其實際生產時仍持續採用木炭過濾法（Charcoal Mellowing）。經過蒸餾的原酒會使用糖楓木的木炭過濾，由於裝有木炭的過濾槽深達三公尺，因此必須花上約十天的時間才能使所有原酒全都通過過濾槽。經過如此精細的作業流程後，方能使酒擁有滑順圓融的滋味。蒸餾廠創立者傑克丹尼從七歲起就開始從事威士忌製造業，到了一八六六年，他以區區十六歲的弱冠之年在田納西州的林區鎮（Lynchburg）創立了一間個人蒸餾廠；而他之所以選擇此地，乃是由於此處有著最適合製造威士忌的凱甫湧泉（Cave Spring）。主力酒款「傑克丹尼黑牌」（Jack Daniel's Black Label）除了具備高貴厚實的酒質外，還有著奢華的香氣及醇潤的滋味，被形容為「田納西茶飲」，是款自古以來得過無數獎項的人氣威士忌。

DATA

製造廠商	傑克丹尼酒廠（Jack Daniel's Distillery） http://www.jackdaniels.com/
創業年份	1866年
產　　地	Lynchburg, Tennessee

LINE UP

傑克丹尼Gentleman Jack（750ml・40%）

傑克丹尼單一酒桶（750ml・47%）

TASTING Note

傑克丹尼黑牌

700ml・40%

色澤	較深的紅茶色，如涼麵沾醬般的色澤。
香氣	如蘋果般的芳香，帶有些許水潤感。
風味	溫和易飲，但苦味偏重。整體滋味仍屬柔和順暢的酒款。
整體印象	尾韻有著明顯的辣味，整體滋味豐富而濃膩。

JIM BEAM RYE

金賓裸麥威士忌

有著如薄荷般的芳香，酒質輕盈的裸麥威士忌

此酒款為波本威士忌的龍頭酒廠金賓企業位於肯塔基州克萊根摩（Clermont）的蒸餾廠所生產的純裸麥威士忌。裸麥威士忌在美國威士忌中由來已久，在以玉米為原料的波本威士忌問世之前，裸麥威士忌幾乎占據了整個一八〇〇年代的威士忌市場。然而，後來裸麥的產量遽減，使得裸麥威士忌逐漸從市場上銷聲匿跡。於一九四五年發售的「金賓裸麥威士忌」雖然面對裸麥威士忌市場的不景氣，仍努力地堅持傳統製法直至今日。裸麥威士忌有著裸麥特有的嗆辣口感，與波本威士忌的滋味截然不同。經過六年熟成的「金賓裸麥威士忌」酒質輕盈易飲，但仍完整保留了裸麥威士忌的特色。在豐富的水果香氣中夾帶著些許甘味及苦味，如同薄荷般的清爽風味更令酒客愛不釋手。

TASTING Note

金賓裸麥威士忌

700ml・40%

色澤	偏濃黃色的金色。
香氣	近似色鉛筆般的氣味。有著文具般的特殊氣味。另外帶有梅酒般的香氣。
風味	酸味會在嘴角暈散開來。另有著桃李般的滋味及些許苦味。能感受到厚實的酒精濃度。
整體印象	有著木材般的沈香，尾韻綿長。具有布魯斯音樂般的層次感。

DATA

製造廠商	金賓酒業集團（Jim Beam）
	http://www.jimbeam.com/
創業年份	1795年
產　　地	Clermont, Kentucky

OLD OVERHOLT

老奧弗霍爾德

濃厚的裸麥風味使整體滋味更顯深度，為裸麥威士忌的代表酒款

誕生於一八一〇年的「老奧弗霍爾德」可謂當今裸麥威士忌的代表酒款。繪於瓶身標籤上的人物即為蒸餾廠創立者亞布拉哈姆・奧弗霍爾德（Abraham Overholt）。他是來自德國的拓荒者，於一八一〇年移民至維吉尼亞州後，便在西摩蘭郡（Westmoreland）設立了蒸餾廠。經營過程中曾歷經停產的風波，如今該酒款已轉由波本威士忌的老酒廠——金賓企業旗下的克萊根摩蒸餾廠進行蒸餾。該蒸餾廠自創立以來始終僅製造裸麥威士忌。根據美國聯邦酒精法的規定，威士忌中的裸麥含量需達五一%以上方可稱為裸麥威士忌，但該蒸餾廠的裸麥威士忌含量竟高達五九%。也因此，此酒款擁有濃厚的裸麥風味與裸麥威士忌的特色，堪稱讓裸麥威士忌的深度口感及芳醇風味達到極致平衡的酒款。

DATA

製造廠商	A. Overholt Distillery
創業年份	1810年
產　　地	Clermont, Kentucky

TASTING Note

老奧弗霍爾德威士忌

750ml・40%

色澤	醒目的金黃色。
香氣	如白胡椒或橘皮般，帶著輕柔淡薄的微甜香氣。另有些微薄荷香與少許花粉般的嗆烈味道。
風味	較輕淡。口感乾燥而清爽。入口後會感到些許如甜栗子般的甘甜滋味，但又會在須臾間消失無蹤。
整體印象	酒質輕盈淡雅，入喉後甜味會立刻在口中蔓延開來，但缺少尾韻。

SEAGRAM'S SEVEN CROWN

施格蘭七皇冠

有著輕盈、醇潤的爽快口感，人氣No.1的美國調和式威士忌

「施格蘭七皇冠」誕生於一九四三年秋天，是在禁酒法解禁後的一年半所推出的嶄新酒款，也是美國第一款調和式威士忌。長達十三年的禁酒令一解除，人們立刻爭先恐後地搶購威士忌，也因此使得市場上充斥著粗製濫造的未熟成威士忌。在此種狀況下，唯有施格蘭酒業集團按兵不動地靜待自家生產的威士忌確實熟成後，才充滿自信地將酒款推上火線。僅選用良質原酒調和而成的施格蘭七皇冠威士忌，擁有既輕盈而潤順的口感，發售後兩個月內立即攻占了銷售榜首位，自此之後便一直是美國威士忌銷售榜的暢銷酒款。在該酒款發售前，酒廠內部嘗試了十幾種原酒的組合，最後採用了第七種調和方式製酒，因此便將代表王者的「Crown」與幸運數字「7」相互結合，以「Seven Crown」為此酒款命名。無論是純飲或加入軟性飲料後飲用均不減其風味。加入七喜汽水所調成的「Seven Seven」也相當有名。

TASTING Note

施格蘭七皇冠

750ml・40%

色澤	帶透明感的金橙色。
香氣	近似於橡木桶、蜂蜜、槿花般的香氣。甜味淡雅而清涼。
風味	輕盈醇甜，如橘皮般的甘美風味。不易感覺到其酒精濃度。
整體印象	入喉後雖會有些許辛辣味殘留，但很快就會自口中散去。

DATA

製造廠商	施格蘭七皇冠（The Seven Crown Distillery Corporation）
創業年份	1857年
產　地	Stamford, Connecticut

Canadian Whisky

加拿大威士忌的基礎知識

1 何謂加拿大威士忌？

以裸麥為主要原料，滋味輕盈而香氣撲鼻的淡雅威士忌

促使加拿大威士忌蓬勃發展的，正是美國的獨立戰爭

加拿大威士忌的特徵在於入喉時那清淡柔醇的口感。在世界五大威士忌之中屬於口味最淡的威士忌。輕爽淡雅的滋味使其常被用來作為雞尾酒的基酒。

在加拿大當地使用的小型蒸餾器是由來自歐洲的移民所引進，過去多用於蒸餾白蘭地或萊姆酒，而實際用於製造威士忌則是始於十八世紀後半。尤其在美國獨立戰爭結束後，因反對獨立而頓失立足之地的王黨派移民開始陸續湧進加拿大，促使當地興起生產威士忌的風潮。從五大湖北部的安大略省至魁北克省均可見這些移民製造威士忌的蹤影。

而隨著穀物產量提高，麵粉業也逐漸興盛。有些業者會將剩餘的穀物用於釀造威士忌，藉此大賺一筆的業者也不乏其人。不久後，蒸餾廠在五大湖地區與聖羅倫斯河沿岸如雨後春筍般接連設立，在十九世紀中葉時，當地蒸餾廠的總數便已超過了兩百間。

今日的加拿大威士忌一般是先製出調味威士忌（Flavoring Whiskey）與基礎威士忌（Base Whiskey）等兩種原酒，然後再將其進行調和。

調味威士忌是以裸麥為主要原料（其他還包括裸麥麥芽、大麥麥芽、玉米等副原料），使用連續式蒸餾器蒸餾過後，再以單式蒸餾器進行二次蒸餾，便能製成酒精濃度約為八四％、口感醇厚而香氣強烈的威士忌。

基礎威士忌則是以玉米為主要原料（其他還包括大麥麥芽等副原料），透過連續式蒸餾器加以蒸餾，便可得到酒精濃度達九五％左右的高純度威士忌。

調味威士忌與基礎威士忌都必須經過三年以上的熟成方可進行調和。熟成所使用的白橡木桶包括新桶、舊桶與雪莉桶等多樣選擇。另外，用於製

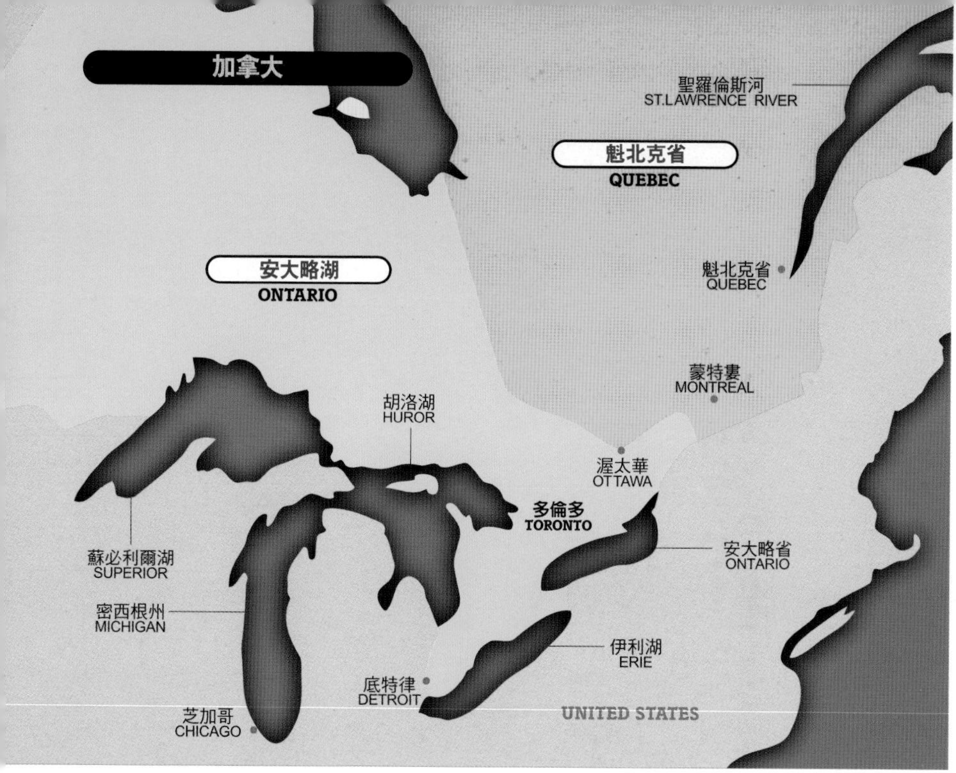

造調味威士忌的裸麥比例如高於百分之五十一的話，標示上便會註明為裸麥威士忌。

託美國公布禁酒法之福（一九二〇～三三年），加拿大威士忌在這段期間獲得了極大的成長空間。因走私而使得需求量暴增的市場即使在禁酒法撤銷後仍未見縮減，業者利用美國酒業再興前的準備時間反向操作，在此時期大量地輸出加拿大威士忌，也使其地位得以穩固且至今仍屹立不搖。

加拿大威士忌的種類

調味威士忌
（Flavoring Whiskey）

以裸麥為主要原料，經過連續式蒸餾器蒸餾後，再以單式蒸餾器進行二次蒸餾，藉此將酒精濃度提高至八四%左右的威士忌。具有醇厚的口感與強烈的香氣。一般需經三年熟成。

＋

基礎威士忌
（Base Whiskey）

以玉米為主要原料，經過連續式蒸餾器蒸餾將酒精濃度提高至九五%左右的高純度威士忌。雖屬穀類威士忌的一種，卻無穀類的制式滋味。一般需經三年熟成。

↓

●加拿大威士忌

將調味威士忌與基礎威士忌加以調和並加水所製成。滋味柔醇清淡而易於入喉。

●加拿大裸麥威士忌

當用於調和的調味威士忌中裸麥使用率達五一%以上時，即可在標籤上標示為裸麥威士忌。

加拿大威士忌・酒款型錄

Canadian Whisky Catalog

CANADIAN CLUB

加拿大俱樂部

香氣清爽加上口感柔和，堪稱加拿大威士忌的代表酒款

香氣濃厚、口感濃醇而具備鮮明純粹的滋味，讓此酒款的愛好者遍布全世界，堪稱是加拿大威士忌的代表傑作。一八五六年，一位名為海拉姆・沃克（Hiram Walker）的青年實業家購入了底特律對岸的土地（今奧大略省的霍克維爾），並在當地建設了一座城鎮與一間蒸餾廠。一八五八年，前所未見的清淡風味威士忌堂堂問世，並在當時著名的美國紳士社交場所「Gentleman's Men's Club」匯聚了相當的人氣，因而獲得「俱樂部威士忌」的名稱。到了一八九〇年，因加拿大俱樂部威士忌的異軍突起感到威脅的波本威士忌業者提出訴求，希望能立法將美國產的威士忌與加拿大產的威士忌作出區別，因此才誕生了今日的「加拿大俱樂部」。此酒款基本上均經過六年以上熟成，有著裸麥的清爽風味及輕盈淡雅的口感。無論是加水或加冰塊飲用，抑或作為雞尾酒基酒使用都相當適合。

TASTING Note

加拿大俱樂部威士忌

700ml・40%（12年）

色澤	大吉嶺紅茶色。
香氣	如萊姆、香橙、香草等香味，另帶著些許膠合板的氣味。
風味	甜味與辣味如表裡一體般地交互出現。柔和的酒質中也帶有鮮明的口感。略具粉末感。
整體印象	輕盈溫醇，加水能使酒質更加淡雅，但裸麥的滋味也會更加明顯。

DATA

製造廠商	海拉姆沃克酒廠（Hiram Walker & Sons）
創業年份	1858年
產　地	Walkerville, Ontario

LINE UP

- 加拿大俱樂部黑牌（700ml・40%）
- 加拿大俱樂部Classic 12年（750ml・40%）
- 加拿大俱樂部20年（750ml・40%）

CROWN ROYAL

皇冠

於超過六百項試驗品遴選而出，獻給英國國王的醇美佳酒

「皇冠」為施格蘭酒業集團推出的高級加拿大威士忌。誕生源由是於一九三九年時，英國王儲喬治六世伉儷以英國國王身分造訪加拿大時，當時施格蘭的總裁山繆・布朗夫曼（Samuel Bronfman）為獻給國王所特別製造的美酒：其來自擁有豐富穀類與清冽泉水的拉薩魯（La Salle）蒸餾廠，在正式推出前曾試作過六百款的調和式作品，而從中脫穎而出的便是此款皇冠威士忌。之後此酒款僅於該公司接待賓客時使用，因而採限量方式生產。然而，由於其人氣之高，使得施格蘭酒業集團在衆所期待下推出了Premium酒款，目前它不僅是加拿大的威士忌代表品牌，也廣受世界各地酒客的喜愛。為展現其高雅的格調，瓶身也設計成如皇冠造型的化妝瓶般，再裝入紫布製成的封袋中販售。皇冠威士忌的香氣與滋味間有著絕妙的平衡度，精密的調和作業更塑造出那雅致圓醇的口感與獨樹一幟的風味。

DATA

製造廠商	施格蘭皇冠酒廠（Crown Royal Distillery）
創業年份	1857年
產　　地	Waterloo, Ontario

TASTING Note

皇冠威士忌

750ml・40%

色澤	如橡皮糖般的焦糖色。
香氣	有著如白紙、土司、橘子果醬、卡士達布丁般的香味。
風味	近似萊姆般的柑橘風味中帶著些許苦味。口感輕盈具木質感，另有穀類般的甜味。
整體印象	清爽微酸的尾韻如檸檬般。整體滋味溫和芳醇，有著接近完美的熟成感。

施格蘭VO

具有清爽易飲的潤暢口感，為加拿大威士忌中的長銷品牌

施格蘭酒業集團是世界上少數能憑藉製酒產業成就其黃金時代的企業。其歷史可追溯到一八五七年時喬瑟夫・E・施格蘭（Joseph E. Seagram）於安大略省的滑鐵盧（Waterloo）創立蒸餾廠算起。該蒸餾廠於一九一二年推出「施格蘭VO」，此酒款即是使施格蘭酒業集團在後來得以獲得突飛猛進的成長的關鍵品牌。在日本結束戰事後，也立即引進此酒款，因此，施格蘭VO也是與日本國民淵源頗深的酒款之一。其使用以玉米及裸麥為原料並熟成六年以上的原酒作為基酒，再憑藉調酒師熟練的技術創造出輕盈醇潤的香氣。口感清新且不帶嗆辣味，入喉時也能感受到那股暢快易飲的風味。標籤上的色彩僅有金色與黑色兩色，此為該企業所有的撒拉布（Thoroughbred，英國純種馬）騎師在比賽時所穿著的賽服顏色。

TASTING Note

施格蘭VO威士忌

750ml・40%

色澤	顏色較濃的檸檬水。
香氣	有著若塑膠橡皮擦的氣味。另有些許餅乾、薄荷腦的辛涼香氣，整體香氣偏成熟。
風味	帶有如砂糖水般的甘甜味。滋味溫和而不膩，讓人能不間斷地持續飲用。稍微加水後會引出些許酸味。
整體印象	尾韻鮮明清爽，滋味柔和易飲，適合加冰塊飲用。

DATA

製造廠商	施格蘭VO酒廠
創業年份	1857年
產　　地	Waterloo, Ontario

ALBERTA

亞伯達

滋味與香氣均訴說著其樸實淡雅的風格，為加拿大裸麥威士忌的代表酒款

「亞伯達Premium」為一九五八年發售的加拿大裸麥威士忌。在加拿大威士忌中，只要原料中的裸麥比例超過百分之五十一，即可在瓶身上標示為「加拿大裸麥威士忌」。原料所使用的裸麥是於落磯山脈山麓處的亞伯達州所栽植，其擁有世界頂級裸麥的美譽，造酒用水則是取自落磯山脈的冰河融化而成的優質雪水。在熟成方面，雖然法定熟成期間為三年以上，但亞伯達威士忌均會經過五年的仔細熟成來抑制其嗆辣的滋味，使酒液能呈現滑順柔和的口感。而「亞伯達Springs」更是經過十年以上長時間熟成的高級裸麥威士忌。亞伯達威士忌均經過獨特的木炭過濾處理，因此酒質也格外柔潤順口。加上裸麥威士忌特有的樸素滋味，使其能夠具有清爽圓潤的特殊風味。

DATA

製造廠商	亞伯達酒廠（Alberta Distillery）
創業年份	1946年
產　　地	Calgary, Alberta

LINE UP

亞伯達Springs10年（750ml・40%）

TASTING Note

亞伯達精選威士忌

750ml・40%

色澤	近似紅茶的顏色。
香氣	如乾草般的粗糙氣味中帶有些許塵埃般的味道。加水後能引出溫和甘醇的香氣。
風味	極為輕盈，並有著出乎意料的甜度。另帶著撲鼻的奇妙果香。
整體印象	風味圓融醇順，尾韻較短暫，酒液入喉後會馬上消失。

第6章

威士忌的基礎知識

Basics

威士忌的生產流程

以麥芽威士忌為範例

只要對威士忌的製造過程有更進一步的瞭解，必能更加深入地感受到威士忌的美味。在此以堪稱所有威士忌的基石的麥芽威士忌為範例，鉅細靡遺地為各位讀者介紹威士忌的製程。

使用二條大麥作為原料。

原料

1 發芽（最重要）

Malting

→P218

製造威士忌的必需原料麥芽的作業流程。

將澱粉轉化為糖，製造出甜麥芽汁。

2 糖化

Mashing

→P220

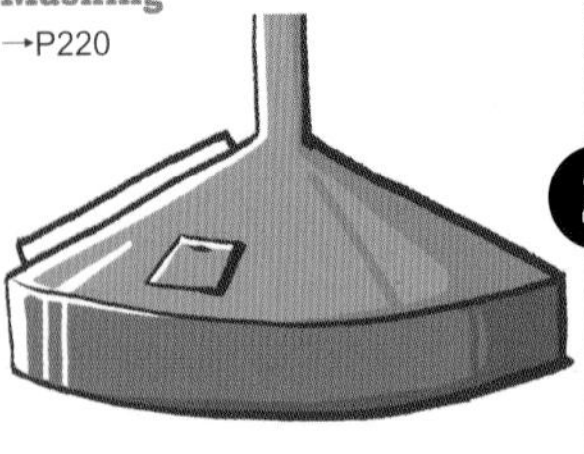

無論何種威士忌，基本的製造流程都相同

威士忌隨種類的不同，製造過程上雖然會有差異，但基本流程都相同。

首先都必須經過①發芽②糖化③發酵等三項步驟。為了使威士忌的原料穀物能發酵產生酒精，必須先使當中所含的澱粉轉化為糖分，因此得先製造出擁有糖化酵素的麥芽，藉此來使其成分糖化。接著在麥芽汁中加入酵母使其發酵後，便會形成膠狀的濃稠液體。之後必須進行步驟④蒸餾，蒸餾所得的無色透明蒸餾液稱為新酒（New Pot），但此時尚不能稱為威士忌，必須將此新酒裝入橡木桶中待其熟成（⑤儲藏熟成），如此才能製造出呈琥珀色且帶有迷人香氣的威士忌。

3

發酵
Fermentation

→P221

加入酵母使其發酵，此時製出的液體稱為發酵液（Wash）。

4

蒸餾
Distillation

→P222

以單式蒸餾器進行蒸餾製成新酒（New Pot，原酒）。

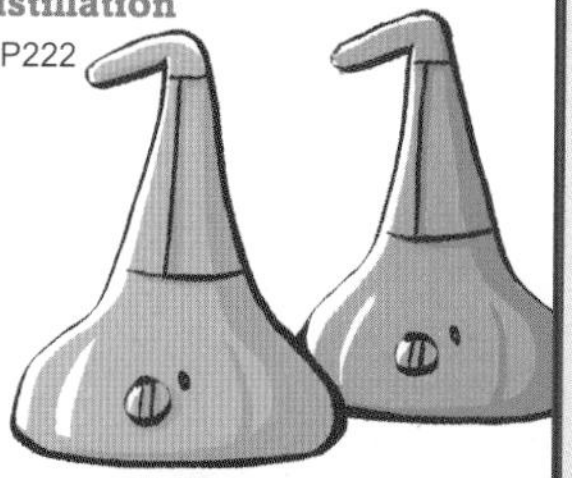

5

儲藏熟成
Maturation

→P224

將調和完成的酒液裝入橡木桶中，並置於熟成庫房裡長期儲放。

6

調和
Vatting

→P225

確認儲放原酒的木桶性質，並從中挑選所需的原酒於大桶中混合。

7

裝瓶
Bottling

→P225

其他威士忌的製程有何差異？

無論是何種威士忌的製造過程，只要當中有些許差別，就會使威士忌的風味產生極大的變化。而使各種威士忌之間有所差異的原因，多繫於原料與蒸餾方法，以及是否進行調和作業等三項流程之上。以穀類威士忌為例，原料中雖然少不了麥芽，但仍必須以玉米作為主要原料。另外，如果將麥芽威士忌與穀類威士忌加以調和的話，便成了所謂的調和式威士忌。

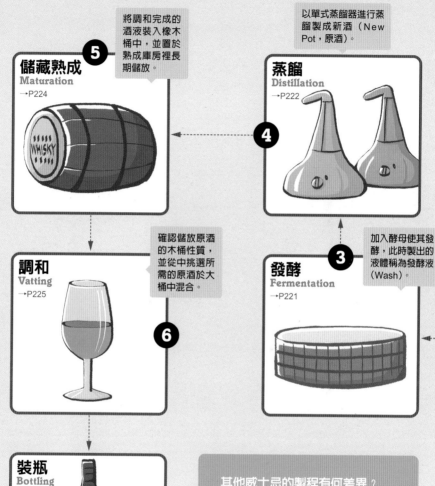

1 發芽

Malting

使大麥發芽並加以乾燥，燃燒泥煤的煙燻作業也屬此步驟

拉弗格蒸餾廠傳統的地板發芽法。為使麥芽能夠平均發芽，會使用木製的鏟子進行攪拌。

將發芽的大麥烘乾，並使燃燒泥煤的香氣注入其中

製造威士忌時，首先必須從製造麥芽著手，此步驟稱之為「發芽」（Malting）。麥芽威士忌的主要原料雖為大麥，但並不是直接利用大麥中所含的澱粉進行發酵，而是要先使大麥發芽後，藉由新生成的糖化酵素使澱粉轉變為發酵所需的糖分後，便能達到發酵的目的。

首先，將大麥放入注滿水的浸麥槽中，使其充分吸收水分以促使其發芽（此稱為浸麥）。此時所使用的水均為各蒸餾廠自行調配的專用水。此時要反覆進行增減槽中水量的作業，如此約經過兩天後便可達到使大麥發芽的條件。傳統的發芽方法是將大麥以二十～三十公分的厚度鋪放於水泥地上，再以木鏟攪拌數小時以促使其發芽。透過攪拌可使大麥發芽進度較為平均，也能使新根不至於糾結在一起。此程序稱為「地板發芽」（Floor Malting）。當發芽至一定程度時就必須加以抑制，如果發芽過度的話，大麥當中的糖分便會轉化為發芽所需的養分而流失。為了阻止麥芽持

發芽流程

浸麥 Steeping

將大麥浸於水中使其吸收水分，藉此加快其發芽速度。此時須使用各蒸餾廠專用的浸麥用水。

發芽 Germination（地板發芽）

將結束浸麥程序的大麥移至發芽室中放置。如要進行地板發芽，則會將大麥平鋪在水泥地面上。為了使大麥能均勻發芽，每隔數小時就必須以鏟子加以翻動。

乾燥 Kilning

為使發芽能夠適可而止，必須將大麥乾燥以除去其中的水分。首先需將麥芽放入窯（乾燥塔）中，再於下方燃燒石炭或泥煤來使麥芽乾燥。隨著燃燒泥煤等燃料的時間點與時間長短不同，附著於麥芽的煙燻風味也會有所差異。

原料為二條大麥

大麥分為二條大麥與六條大麥兩種，蘇格蘭威士忌所使用的為二條大麥。由於其擁有豐富的澱粉且易於糖化，因此是相當適於製造威士忌的大麥。

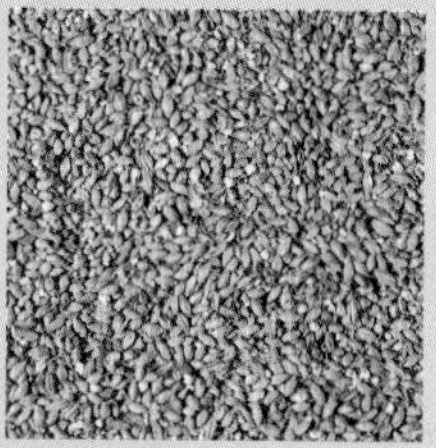

乾燥後的發芽麥芽（Malt）。

續發芽，必須進行乾燥作業。首先將麥芽運至烘麥窯中（Kiln），接著在窯下方焚燒泥煤或石炭，藉由燃燒時產生的熱風來進行乾燥，而在蘇格蘭威士忌中聞名遐邇的泥煤煙燻香氣也是在此時產生。經過乾燥後便完成了帶有香氣的乾燥麥芽。

以上為較為傳統的方式，在今日發芽作業通常已不在蒸餾廠進行，而是交給稱為「Maltster」的製麥工廠以機械化方式製造，並依據製酒業者的需求生產客製化的麥芽。

何謂製麥工廠？

今日麥芽的製造作業幾乎不再於蒸餾廠進行，而會交給稱為「Maltster」的製麥業者處理。製麥業者會以鼓型發芽機取代一般的地板發芽法，由於產量大且迅速，所以此發芽方法現今已成為主流。各蒸餾廠會將麥芽的種類、乾燥方式、燃燒泥煤的時間點與時間長短等先告知製麥業者，藉此獲得製酒所需的麥芽。

麥芽汁緩慢地在被稱為酒汁槽的巨大金屬容器中累積。

2

糖化
Mashing

將搗碎的麥芽加水浸煮，使其成為帶甜味的麥芽汁

用於熬煮碎麥芽的水，性質也是關鍵所在

從乾燥過後的麥芽中除去雜質及碎石後，接著就必須將其搗碎。搗碎後的麥芽會與溫水一同放入糖化槽中（Mash Tun），以製造甜麥芽汁，此即稱為糖化作業。

在不銹鋼槽中搗碎完成的麥芽稱為「碎麥芽」（Grist）。將碎麥芽放入糖化槽中並加入溫水使其充分混合後，麥芽便會溶於其中，澱粉也會在糖化酵素的作用下逐漸轉化成麥芽糖。進行糖化作業的最適溫度為六〇～六五℃，溫度的控管也是相當重要的一環。持續攪拌混合液使澱粉轉化為糖，再加以過濾後即可取出糖液。此糖液稱為麥芽汁（Wort），亦即今日市面上非常普遍的甜麥芽汁。

在糖化槽中添加的溫水必須是符合蒸餾廠要求的水，而水質也會大大地左右麥芽汁的風味。為了獲得優質豐富的水源，蒸餾廠的建造地與周圍環境便成了重要條件。用於熬煮麥芽的水稱為「Mother Water」，一般而言，礦物質含量較少的水較能為麥芽汁增添清爽圓醇的風味。此外，水也會隨著湧出處的地層性質不同而各具特色，例如：通過泥煤層的水便能使麥芽帶有如藥草或是石楠花蜜般的芳香。

完成後的麥芽汁緊接著須進入發酵的步驟。麥芽汁的殘渣稱為「Draff」（穀物糟粕），由於裡頭富含蛋白質等營養，因此常會在加工過後作為家禽的飼料使用。

發酵槽是被稱為Wash Back的木製巨型桶狀槽，多選用北美產的落葉松木與奧瑞岡松木製造。

3 發酵 Fermentation

製造出酒精濃度大約七%的濃稠液體

發酵過程會深刻地影響威士忌的香氣

將完成糖化所得的麥芽汁降溫至二〇℃左右後，便可將其移至稱為「Wash Back」的巨型桶中（即發酵槽），然後加入酵母進行發酵作業。如果不先將麥芽汁適度冷卻的話，過高的溫度將會使酵母無法存活。目前的發酵槽大部分是不銹鋼製，早期則多為木製，材質則為北美洲產的落葉松木或奧瑞岡松木。

將酵母加入麥芽汁後，酵母菌會開始吞食麥芽汁中的糖分，並將其分解成酒精與碳酸鈣，此過程即稱為發酵。此時，酵母也會因發酵作用而生成數百種香氣成分。邊發泡的碳酸鈣會持續發酵約三天，而形成酒精濃度約為七%左右的濃稠液體（Wash，或稱發酵液）。而到目前為止的作業可說與釀造啤酒的過程如出一轍。

方才曾提過發酵過程中會產生多種香氣，事實上這便是決定威士忌複雜而多變的香氣與滋味的主要因素。由於用於發酵的酵母種類並不只一種，而是混合有兩種以上的酵母，因此隨著蒸餾廠選用的酵母種類不同，威士忌的風味也會隨之改變。而發酵槽的材質、發酵時間與溫度掌控，以及麥芽汁接觸空氣的時間長短等均會影響酵母的作用，也會造成香氣的差異。一般而言，發酵時間愈長，酵母分解糖分所產生的物質也會愈多，使得威士忌的整體香氣愈顯複雜而濃厚；而麥芽汁接觸空氣的時間越久，滋味就會愈顯輕盈淡雅。發酵過程中的每項程序都需要相當的技術方能完成，可說是十分細瑣的作業。

左右香氣的發酵重點

- 酵母的種類
- 發酵槽的材質（不銹鋼製或木製等）
- 發酵時間與溫度控管

圖中為銅色而帶有鈍淡光輝的球型（膨脹處）單式蒸餾器。圖片後方也可見到直頭型蒸餾器的模樣。

4 蒸餾 Distillation

經過加熱蒸餾後所得的新酒擁有威士忌才有的醍醐味

透過二次蒸餾才能製出無色透明的新酒

進入蒸餾步驟後，便已來到只有製造威士忌時才會進行的作業。製造麥芽威士忌時，會將發酵生成的濃稠液體裝入稱為Pot Still的銅製單式蒸餾器中，接著利用水與酒精沸點不同的特性（酒精沸點約為八○℃），對剛才加入的濃稠液體進行加熱，使沸點較低的酒精與香氣成分先行汽化，再將剩餘液體加以冷卻後取出。如此酒精便會揮發，酒汁中的香氣成分經蒸餾器加熱後也會產生化學變化，新生成的香氣會更顯複雜與多變。

用於第一次蒸餾的蒸餾器稱為初餾器（Wash Still），而用於第二次蒸餾者則稱為再餾器（Spirits Still）經過二次蒸餾的酒液約會達到七○%的酒精濃度。單式蒸餾器均為手工製，且材質均以銅為主，形狀及大小也有所差異（參照第223頁）。不同的蒸餾器能帶給原酒不同的香氣、口感及酒質。而選用銅製蒸餾器的理由在於，銅具有去除雜味與硫磺化合物等不該存在的物質的功用。

初餾時由於酒液雜質仍多，酒精濃度也不足，因此需要進行二次蒸餾。而經過再餾後所得的液體可藉由分酒箱（Spirit Safe）來區分為酒頭（Foreshots，最初流出的酒液）及酒尾（Feints，最後流出的酒液），以及中間帶有醇美香氣成分的酒心（Middle Cut）。用來進行熟成的僅有酒心，而酒頭及酒尾則會再次回到蒸餾器中，與初餾液加以混合後再度進行蒸餾，經二次蒸餾所得的液體即稱為新酒（New Pot），為無色透明的酒液，且具備濃烈複雜的滋味。

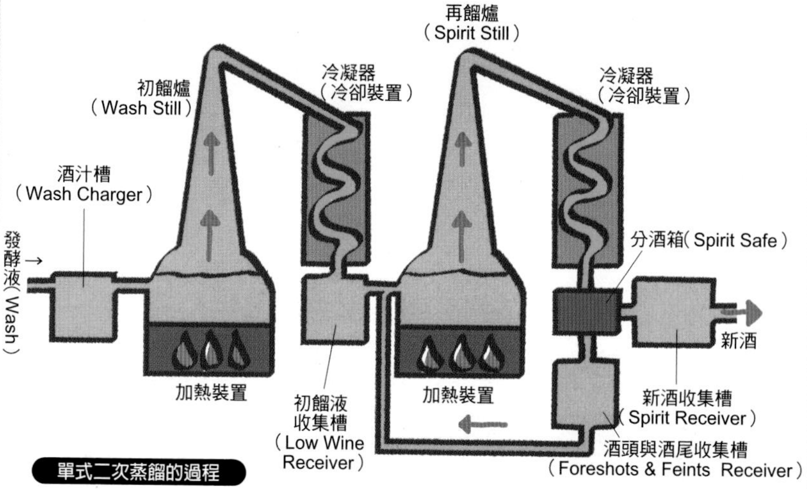

單式二次蒸餾的過程

麥芽威士忌需經過初餾爐及再餾爐兩架單式蒸餾器蒸餾後，方能取得酒精濃度約七〇%的新酒（原酒）。在單式蒸餾器中加熱酒汁的方法，分為使用石炭或瓦斯的直火型加熱法，以及利用蒸氣管將蒸氣導入爐中進行加熱的間接式加熱法。前者所製作的威士忌酒質較為濃厚。

壺型蒸餾器的形狀

單式蒸餾器的大小與形狀會隨蒸餾廠不同而有所差異。圖中將形狀大致分為三種類型，雖然不能一概而論，但大致上來說，造型高大或是頂部有著膨脹形狀的壺型蒸餾器，所製出的酒質地均較輕盈纖細，而造型粗短且頂部細直的單式蒸餾器則較能造出濃厚的酒質。

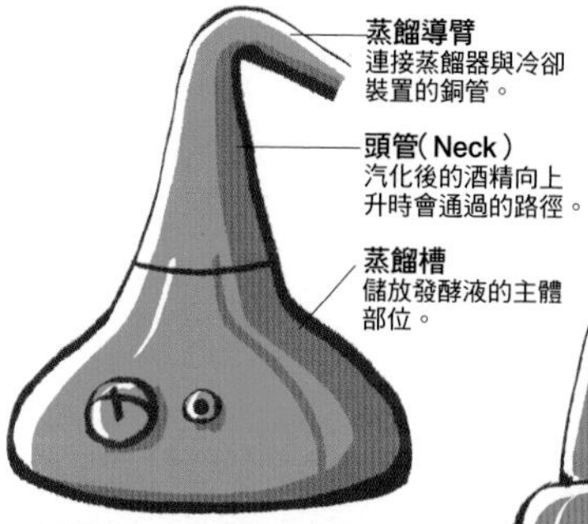

直頭型蒸餾器

為使酒精以外的香氣成分向上回升而有著複雜的Straight Head設計。

球型（鼓出型）蒸餾器

窄細的部位共有兩處，接觸到空氣的面積也大，因此多能製出清爽淡雅的酒。

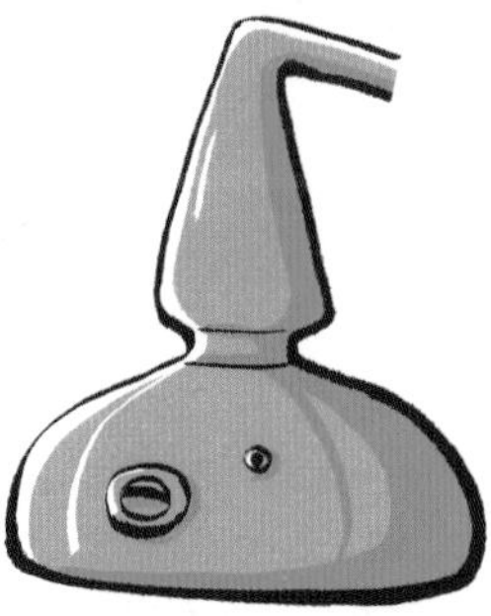

燈籠型蒸餾器

汽化後的酒精在碰撞到中間窄細的部位後便會向下滴落，此造型是為了使酒精再次回流而設計。

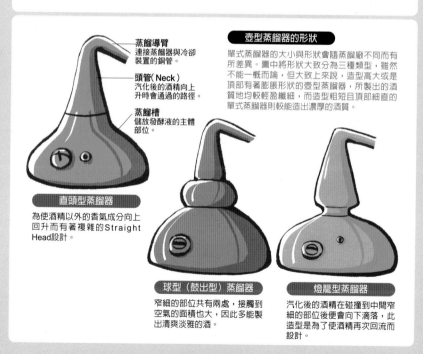

裝入木桶中的威士忌須在儲藏庫房中沈睡以待熟成。

5 儲藏熟成

Maturation

一邊與天使分享，一邊持續熟成，以賦予威士忌琥珀色澤

使酒液在沈眠中緩慢地吸收木桶精華，此即威士忌的熟成作業

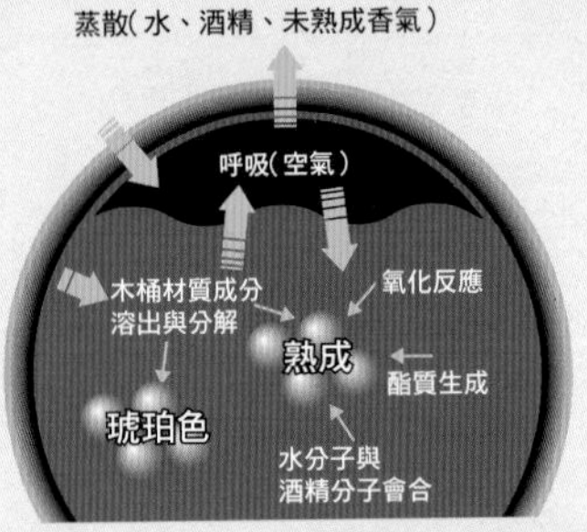

木桶中有著各式各樣的反應在進行著，使威士忌逐漸擁有深沈奧妙的香氣與滋味。

蒸餾所得的無色透明原酒（新酒）須裝入橡木桶中並置於儲藏庫房，經過五年、十年甚至二十年的漫長時間以使其熟成。但裝桶時並非是直接將原酒裝入，由於經過蒸餾的原酒酒精濃度高達七〇%左右，因此須先加水稀釋至六三%左右，才能裝入橡木桶中熟成，此酒精濃度為最適於木桶熟成的濃度。而此時加入的水當然必須與熬煮麥芽的水一致。

木桶材質均使用北美洲的白橡木或歐洲產的歐洲有柄橡木（參照第19頁），此兩種材質除了硬度高且耐久性佳外，更富含能賦予威士忌成熟香氣的成分。另外，橡木桶也具有隨著季節更迭熱漲冷縮的特性。木桶能讓桶中酒液的酒精及水分向外蒸散，並吸收外部空氣，使木桶所含的香氣成分更能溶入酒液中。再者，當水分子與酒精分子相互結合時，酒液的滋味也會變得更加圓潤。在經過長時間熟成後，原本無色透明的蒸餾酒液會逐漸轉為柔潤芳醇的琥珀色液體，最後形成我們所熟悉的威士忌。由於麥芽威士忌是經由持續地交換桶內與桶外的空氣而逐漸熟成，因此選擇空氣清淨且具有適度濕氣的涼爽場所來進行熟成較為適宜。熟成中的威士忌每年均會因為蒸散作用而喪失約二%的酒液，在蘇格蘭當地將此自然消失的酒液稱為「Angel Share」（分享給天使的酒液）。

7 裝瓶 Bottling

6 調和 Vatting

經由調和、加水、過濾等步驟，將徹底改變威士忌的滋味

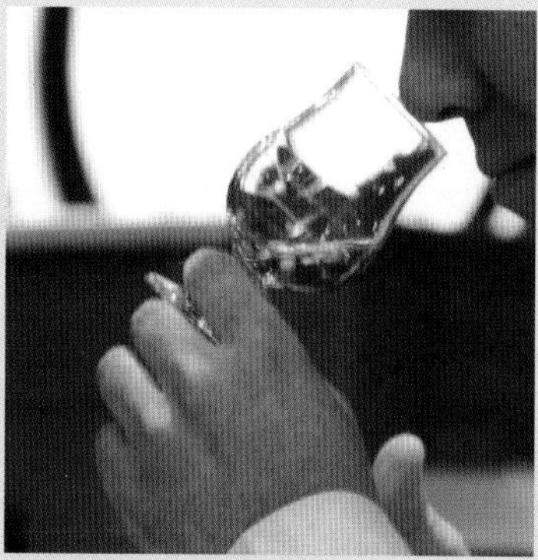
熟知每一只木桶的風味與熟成程度的差異並加以管理分類，為調酒師須熟稔的工作內容。

熟成後的每一桶威士忌均有著獨特的風味

在橡木桶中沈眠的威士忌會隨著緩慢的呼吸逐漸地熟成。而每一桶熟成的威士忌會因置於熟成庫房中的位置不同（如靠近入口或接近天花板等）與放置棚架的階層差異等而產生迥異的風味。

基本上，會將完成熟成的威士忌集中於槽中並加以調和（混合），藉此使其風味能夠平均。混合均勻後的威士忌必須再次注入木桶中進行後熟作業（Marriage），此作業並不屬於熟成過程。

調和完成後便要開始裝瓶，此時的酒精濃度平均在五〇～五五％之間，一般會加水使其降至四〇～四三％後再裝瓶，這時候所添加的水多為除去雜質的蒸餾水，但隨著威士忌的生產形式不同也會有所差異，如單桶原酒等則不包括上述製程在內。

另外，關於該如何確認木桶的狀態、使用上應注意哪些事項，均決定生產者及調酒師的技術是否高操。

蘇格蘭當地在進行裝瓶作業時，由於蒸餾廠通常沒有裝瓶設備（目前僅有三間蒸餾廠有設置），因此必須交付母公司旗下的裝瓶廠負責裝瓶。裝瓶廠多位於格拉斯哥及愛丁堡近郊。

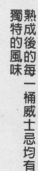

單一麥芽威士忌巡禮

口袋隨手資訊

POCKET INFORMATION

為了幫助大家規劃行程，在此提供拜訪蘇格蘭時絕對不可錯過的行程相關資訊！請大家盡情享用！

DISTILLERYS

蒸餾廠

進行蒸餾作業的時間通常是從每年10月～隔年5月，不過各個蒸餾廠多少會有所不同。因為這個時間會影響到導覽行程的安排，所以必須上各家蒸餾廠的網頁仔細確認。各蒸餾廠的導覽結束後通常會提供一杯飲料，這部分費用已包含在門票中。

艾雷島

□雅柏蒸餾廠 Ardbeg Distillery →P85
〔地址〕Port Ellen, Isle of Islay, Argyll PA42 7EA
〔電話〕+44 (0) 1496 302244
〔Web〕www.ardbeg.com
〔參觀〕開放時間：6～8月／10：00～17：00（周一～日），9～5月／10：00～16：00（一～五） 門票：£2.50　備註：設有導覽行程、遊客中心、商店、咖啡館。

□布魯萊迪蒸餾廠 Bruichladdich Distillery →P88
〔地址〕Bruichladdich, Isle of Islay, Argyll PA49 7UN
〔電話〕+44 (0) 1496 850477
〔Web〕www.bruichladdich.com
〔參觀〕開放時間：1～12月／9：00～17：00（周一～五），3月中旬～10月／＋10：00～16：00（周六）　門票：£4　備註：設有導覽行程、遊客中心、商店。此外也有開辦威士忌課程（每期5天）。

斯佩塞特

□格蘭花格蒸餾廠 Glenfarclas Distillery →P125
〔地址〕Ballindalloch, Banffshire, AB37 9BD
〔電話〕+44 (0) 1807 500257
〔Web〕www.glenfarclas.co.uk
〔參觀〕開放時間：4～6月／10：00～17：00（周一～五），7～9月／＋10：00～16：00（周六），10～3月／10：00～16：00（周一～五） 門票：£3.50　備註：設有導覽行程、遊客中心和商店

□斯佩塞特桶業 Speyside Cooperage（※木桶工廠） →P129
〔地址〕Dufftown Road, Craigellachie, Banffshire, AB38 9RS
〔電話〕+44 (0) 1340 871108
〔Web〕www.speysidecooperage.co.uk
〔參觀〕開放時間：1～12月／9：30～16：00（周一～五）　門票：£3.10　備註：設有導覽行程、遊客中心、商店和咖啡館。

坎貝爾鎮

□雲頂蒸餾廠 Springbank Distillery →P152
〔地址〕Longrow, Campbeitown, Argyll, PA28 6ET
〔電話〕+44 (0) 1586 552009
〔Web〕www.springbankdistillers.com
〔參觀〕開放時間：4～9月／14：00～15：15（周一～四，須預約）　門票：£3

PUBS & SHOPS

酒吧・飯店・商店

艾雷島

酒吧！

□灣岸飯店 THE LOCHSIDE HOTEL →P172
〔地址〕Shore St., Bowmore, Isle of Islay, PA43 7LB
〔電話〕+44 (0) 1496 810244
〔Web〕www.lochsidehotel.co.uk
〔營業〕11：00～24：00 全年無休　備註：艾雷島麥芽威士忌庫存相當豐富！

海產！

□港灣旅店 THE HARBOUR INN
〔地址〕Bowmore, Isle of Islay, PA43 7JR
〔電話〕+44 (0) 1496 810330
〔Web〕www.harbour-inn.com
〔營業〕12：00～14：00，18：00～21：00，全年無休　備註：以牡蠣為首，推薦海鮮！

斯佩塞特

酒吧！

□高地人旅店 THE HIGHLANDER INN →P172
〔地址〕Craigellachie, Banffshire, AB38 9SR
〔電話〕+44 (0) 1340 881446
〔Web〕www.whiskyinn.com
〔營業〕12：00～14：00，17：30～（吃飯時段21：30），全年無休　備註：單一麥芽威士忌陣容充實！

威士忌商坊！

□高登＆麥克菲爾 GORDON & MACPHAIL →P162
〔地址〕58-60, South Street, Elgin, Moray, IV30 1JY
〔電話〕+44 (0) 1343 545110
〔Web〕www.gordonandmacphail.com
〔營業〕9：00～17：00，周日休息　備註：收集800種以上的威士忌！

格拉斯哥

酒吧！

□蒸餾器 THE POT STILL →P172
〔地址〕154 Hope Street, Glasgow, G2 2TH
〔電話〕+44 (0) 141 3330980
〔Web〕www.thepotstill.co.uk
〔營業〕11：00～24：00（周日18：00～24：00）全年無休　備註：單一麥芽威士忌的收藏品項是全格拉斯哥第一

貨幣
英鎊（Pound = £）。輔助單位是便士（Pence = p）。2磅5便士→會標示成「£2.50」。1£＝大約50元台幣（依2009年5月8日匯率）

時差
蘇格蘭比台灣大約晚8小時。（2月最後一個星期天～10月最後一個星期天之間是夏日時間，時差則是7小時）

從台灣前往的交通方式
◎台灣～蘇格蘭沒有直飛的班機，主要是經由倫敦（也可以由阿姆斯特丹或巴黎等歐洲城市轉機）。從台灣～倫敦飛行時間大約14小時。從倫敦～愛丁堡大約1小時10分。
◎以下四家航空公司有台灣～倫敦的直飛航班。英航（BA）也有英國的國內線。
・British Airways（BA/www.britishirways.com）
・國泰航空（CX/www.cathaypacific.com/tw）
・中華航空（CI/www.china-airlines.com）
・長榮航空（BR/www.evaair.com）

蘇格蘭國內交通
〔飛機〕
・British Airways（BA/www.britishirways.com）
・British Midland（BD/www.flybmi.com）
・Highland Airways（www.highlandairways.co.uk）
備註：飛往各島的航班很少，很容易就客滿。此外，天候也常造成航班停飛，必須留意。

〔渡輪〕
・Caledonian MacBrayne（www.calmac.co.uk）
・North Link Ferries（www.northlinkferries.co.uk）
備註：搭乘渡輪前往各島的觀光方式相當熱門。也很推薦自行開車多繞繞不同地區。

〔租車〕
・Hertz（www.hertz.com）
・Budget（www.budge.com）
・Avis（www.avis.tw）
備註：若想參訪各個蒸餾廠，利用租車之類的方式開車前往是最好的選擇。租車需要國際駕照。即使是旺季，只要事先預約就不必擔心。

道路狀況
◎**距離・速度標示**　1英里＝1.6公里
◎**速限**　沒有標示的國道時速限制是60英里（約100公里），高速公路（Motorway）則是70英里（約110公里）。道路寬闊駕駛容易，當地人的行車速度往往都很快，在熟悉路況之前要多小心。
◎**圓環**　環狀的交叉路口。駛入圓環時通常是由右側來車優先，一旦進入圓環就以順時鐘的方式行進，依據想要前進的方向開外側的方向燈。若是不習慣開車的人，可以先在機場附近的圓環練習幾次再開始旅程。

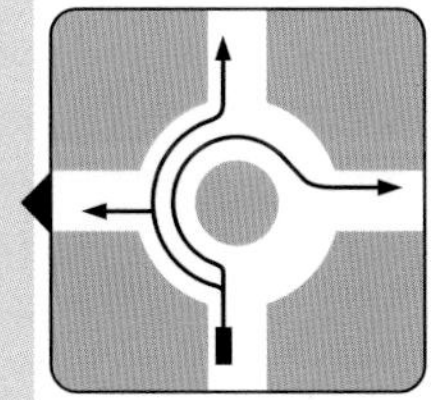

從艾雷島的卡爾里拉蒸餾廠隔海可清楚望見侏儸島的侏儸雙峰（Paps of Jura）。

TOURS
導覽行程

艾雷島

個人行程！
□群島小姐 LADY OF THE ISLES
〔電話〕+44 (0) 1496 810485
〔E-mail〕christine@ladyoftheisles.co.uk
〔Web〕www.ladyoftheisles.co.uk
〔內容〕波摩蒸餾廠旅客中心有一個招牌人物，那就是從小在艾雷島長大的Christine Logan小姐。如果你認為初來乍到，自己開車觀光有點不便的話，推薦你找她做個人導覽。

Whisky 威士忌 用語集

（按英文字母順序排列）

A

尾韻【after-taste】
酒嚥入喉中後殘留於口腔的滋味。又稱為後勁、餘香、finish等。

酒香【aroma】
將玻璃杯貼近鼻子時所能聞到的香氣。

分享給天使的酒液【angle's share】
指熟成期間所蒸發的威士忌酒液。在熟成的第一年約會蒸散3～4%，之後每年桶中的酒液約會減少1～2%左右。

酒齡【age】
將威士忌裝入木桶中熟成所經過的時間。瓶身標籤上所標示的酒齡必須是所使用的原酒中酒齡最小的。

B

波本威士忌【bourbon whisky】
以玉米為主要原料（占原料總量51%以上且未滿80%），屬於美國威士忌中的代表性威士忌。在酒精濃度未達80%時進行蒸餾，並使用內側經過燒烤的全新白橡木桶加以熟成所製成的威士忌。（→參照P179）。

波本桶【bourbon cask】
以美洲產的白橡木製造，用於熟成波本威士忌的橡木桶。在熟成波本威士忌時，必須使用內側經過燒烤的全新橡木桶，而用過的空桶則會再次用來熟成蘇格蘭威士忌。多以180公升的尺寸為主流。（→參照P31）。

邦特桶【butt】
與邦穹桶（puncheon）大小相當，均為儲藏威士忌所使用的木桶中尺寸最大者。容量約在480公升左右，絕大多數為雪莉桶。

酒桶【barrel】
一般統稱用來熟成威士忌的酒桶，容量約在180公升左右。全新的酒桶會用於波本威士忌的熟成，而使用過的空酒桶則會用來熟成麥芽威士忌。

調酒師【blender】
為威士忌進行調和作業的專業人士。調酒師必須依酒桶的特性差異敏銳地區分各種麥芽威士忌，並基於整體平衡將其作適當的調配，將麥芽威士忌與穀類威士忌加以調和製成調和式威士忌。最高階的調酒師稱為首席調酒師（master blender）。

調和式威士忌【blender whisky】
麥芽威士忌與穀類威士忌調和（混合）而成的威士忌。

裝瓶廠威士忌【bottlers brand】
與酒廠威士忌相反，是由未擁有蒸餾廠的公司向其他蒸餾廠購買桶裝威士忌，並自行進行熟成及裝瓶等作業，再以自家公司的品牌推出。又稱為獨立裝瓶業者（independence bottlers）。（→參照P156）。

C

原桶【cask strength】
指從酒桶取出時的酒精濃度，一般約為50～60%。通常會先將從桶中取出的酒加水調整至40%左右才裝瓶。

桶匠【cooper】
專門負責製造及修理橡木桶的工匠。

科菲蒸餾器【coffey still】
艾頡·科菲（Aeneas Coffey）於1831年所發明（改良）的連續式蒸餾器，並於當時獲得專利權（patent），因此又稱為patent still。

歐洲有柄橡木【common oak】
足以代表西班牙橡木品種的歐洲原產橡木。自古以來便經常被用來製作存放紅酒及白蘭地的木桶。木材所含的多酚與單寧等成分均較北美洲的白橡木來得多，用於熟成麥芽威士忌時能夠提升雪莉桶的風味。（→參照P19）。

冷凝器【condenser】
用於蒸餾麥芽威士忌時的冷卻裝置。能使經單式蒸餾器氣化後的酒精再次液化。

燒烤【char】
指將熟成用木桶內側烤焦的作業。燒烤木桶的程度有別。若不以火焰直接燒烤而改以烘焙的話則稱為「烤」（toast）。

單式蒸餾器
每經過一次蒸餾就必須更換內部組件的蒸餾器。以蒸餾麥芽威士忌的單式蒸餾器為代表。

木炭過濾法【charcoal mellowing】
田納西威士忌特有的流程。將蒸餾後的原酒放入糖楓木製成的木炭槽中，使其得以被過濾，整個歷程為期約10天。經此製程將可使酒質更為柔醇順潤。

冷卻過濾【chill filtration】
指低溫（冷卻）過濾處理的程序。在裝瓶前將酒液冷卻至0～4°C左右，為去除使酒液白濁的主因（脂肪酸）所必需的作業。由於會連帶去除一部分的麥芽風味，因此也有許多人反對這麼做。

D

二度熟成【double marriage】
當調和式威士忌的製造過程進入後熟階段時，便不再加入原酒，而只熟成一開始注入的麥芽原酒，接著再加入穀類原酒進行調和並再次進行熟成的製造方法。（→參照marriage）。

F

首次裝桶【first filled】
曾一度用於熟成波本威士忌或雪莉酒的空酒桶，又稱「一次裝桶」。在熟成蘇格蘭威士忌時不會使用新桶，而會選擇使用過一次以上的空酒桶。當再次用於熟成時稱為「二次裝桶」（second filled），第三次用於熟成時則稱為「三次裝桶」（third filled）。

尾韻【finish】→參照after-taste。

酒尾【feints】
指在進行麥芽威士忌的二次蒸餾時，最後從單式蒸餾器中流出的酒液。此酒液的酒精濃度較低，香氣也不比原酒，因此多會被取出並與下一批發酵液混和後再次進行蒸餾，又稱為tail。

酒頭【foreshots】
指在進行麥芽威士忌的二次蒸餾時，最初從單式蒸餾器中流出的酒液。此酒液的酒精濃度較高，且裡面含有油分等雜質，因此必須將其與酒尾一同混入下一批發酵液中並再次蒸餾。又稱為head。

風味【flavor】
將威士忌含於口中時所感受到的香氣，以及口腔與舌身整體所能感受到的滋味。撲鼻而來的香氣也包括在內。

地板發芽【floor malting】
蘇格蘭的傳統發芽法。將大麥散鋪於石地上待其發芽，為了使所有大麥能均等地發芽，每隔數小時就必須用鏟子翻面。通常此作業須花費7～10天。（→參照P218）。

首次裝桶→first filled。

G

碎麥芽【grist】
為進行糖化（mashing）而磨碎的麥芽。

穀類威士忌【grain whisky】
以玉米作為主原料，使用連續式蒸餾器蒸餾所得的威士忌。與麥芽威士忌相比，口感更加圓潤易飲，但較缺乏特色。絕大多數是用作調和式威士忌的原酒使用。（→參照P16）。

蓋爾語【Gaelic】
蓋爾族的語言，為愛爾蘭、蘇格蘭等地的原住民語。

黃金大麥【goldenpromis】
於1960年為適應蘇格蘭當地土壤、氣候而特別研發的大麥品種，相當適合用於釀造威士忌及啤酒。目前雖然幾乎已完全停產，但如麥卡倫威士忌等酒款仍必須仰賴此種大麥方能持續生產。

H

酒心【hearts】→參照middle cut

石楠花【heath】
叢生於蘇格蘭荒野的常綠灌木，在春秋兩季均會綻開白色或淡紅色的花。為形成泥煤的必需植物之一，又稱heather。

酒頭【heads】→參照foreshots。

組裝桶【hogshead】
威士忌的儲藏用桶，容量約在230公升左右。熟成蘇格蘭威士忌時多會選用容量較大的木桶，因此一般會將波本桶（180公升）拆解後重組成此大小。（→參照P19）。

I

碘香【iodic】
因使用泥煤煙燻與位於海岸的影響，而使原酒帶有近似海草般的藥品香氣，與碘酒的味道相當接近。

K

烘麥窯【kiln】
即麥芽乾燥塔，能發出熱風使發芽大麥（麥芽）乾燥的設備。排煙口為佛塔狀（近似於東方佛塔般的建築造型）。佛塔塔頂建築也是蘇格蘭蒸餾廠的象徵。

L

萊姆石水【limestone water】
在美國肯塔基州經過石灰岩（萊姆石）地層過濾湧出的清水。此水的鐵分（會破壞威士忌風味）含量較少，且擁有豐富的礦物質，是最適於製造波本威士忌的水。

初餾酒【low wines】
麥芽威士忌須經過單式蒸餾器二次蒸餾，而第一次蒸餾所得的蒸餾液即稱為初餾酒。酒精濃度約介於20～25%之間。

再餾器【low wines still】→參照spirits still。

M

糖化槽【mash tun】
又稱發泡桶。麥芽粉碎後須加入熱水加以攪拌，以從中萃取出糖液（麥芽汁），此時便需要糖化槽這種超大型圓桶。分為不銹鋼製、銅製、鑄鐵製等類別。

調配率【mash bill】
指製造波本威士忌時使用的各種穀類（玉米、裸麥、小麥、大麥麥芽等）各自所占的比例。

過桶【marriage】
當威士忌經過調和或混合作業後，須再裝入桶中使其熟成，又稱為後熟作業。與一次熟成有所差異，是為使酒液更加柔醇所進行的程序。主要用於調和式威士忌的製造。

酒心【middle cut】
在進行麥芽威士忌的二次蒸餾時，從單式蒸餾器中流出的液體可分為最初的酒頭及最後的酒尾，而將此兩者除去所剩的中間部分稱為「酒心」，此部分須再進行熟成。

麥芽【malt】
指麥芽威士忌的原料大麥麥芽。有時麥芽威士忌也簡稱為malt。

麥芽威士忌【malt whisky】
以大麥麥芽（malt）為原料並使用單式蒸餾器（pot still）蒸餾所得的威士忌。通常會進行二次蒸餾。製造蘇格蘭威士忌時，必須使用橡木桶進行三年以上的熟成作業。

製麥工廠【maltster】
指專門製造麥芽的工廠（有時也指麥芽業者）。如今透過機械化的作業得以大量生產麥芽，此外，因各廠商選用的大麥與泥煤種類不同，進行煙燻作業的時間點與時間長短也有所差異，加上各蒸餾廠的特殊需求，因此會生產出種類、風味各異的麥芽。

麥芽香【malt flavor】
麥芽本身所具備的帶有甜味的穀物芳香。

後熟→參照marriage。

N

純飲【neat】
不加水而直接飲用之意。與straight同義。

新酒【new pot】
指單式蒸餾器所蒸餾出的高濃度蒸餾酒。此酒液呈現無色透明，酒精濃度則約在60～70%之間。

無冷卻【non-chilled】
指不進行低溫過濾處理之意。（→參照chill filtration）。

O

開放式棚架【open lick】
架設在波本威士忌的熟成庫房中的自組木製棚架，為了擁有自然的通風，也會將庫房中的窗戶完全打開。較常見的是高達七樓的巨大建築。此外，放置木桶的位置會隨環境而改變，熟成度也會因此而有所變化。

酒廠威士忌【official bottle】
由蒸餾廠或其所屬公司自行裝瓶並販賣的威士忌。也包括在蒸餾廠內進行裝瓶的蒸餾廠威士忌。

加冰塊【on the rocks】
為威士忌的飲用法之一。指在玻璃杯中放入大塊的冰塊，接著再倒入適量的純威士忌。又稱為rock。（→參照P175）。

P

連續式蒸餾器【patent still】→參照coffey still。

邦穹桶【pancheon】
用來熟成威士忌的大型酒桶，容量約在480公升左右，形狀較butts寬實而低矮。

煙燻的（泥煤香氣）【peaty】
燃燒泥煤所產生的燻香，透過燃燒能使泥煤的香氣更顯強烈。（→參照smoky flavor）。

泥煤【peat】
指石楠花、苔蘚、羊齒類等植物經年累月地堆積而成的泥炭。在乾燥麥芽時會進行焚燒泥煤的動作，使燻煙能滲入麥芽之中而造就出蘇格蘭威士忌特有的煙燻香氣。

純麥威士忌【pure malt whisky】
不添加穀類威士忌，以100%純麥芽為原料製成的威士忌。但其名稱也含有麥芽威士忌之意。

純度【proof】
酒精含量的計算單位，美國波本威士忌的濃度多以此單位標示。在美國，每100 proof（此proof與英國的計算單位有所差異）相當於一般所用的酒精濃度50%（相當於1/2）。

普通酒桶【plain cask】
指曾用於蘇格蘭威士忌熟成而再次使用的木桶，又稱為refill cask。能減少波本桶與雪莉桶對酒質的影響。（→參照first filled）。

壺式蒸餾器【potstill】
用於蒸餾麥芽威士忌的單式蒸餾器。整部機器均是以手工組裝而成且為銅製。通常一組中包含有初餾器與再餾器。

R

烘烤【rechar】
指燒烤舊木桶內側的作業。當木桶使用30～40年後，熟成的力道便會減弱，而透過再次過火燒烤的方式將可使木桶的材質活化。

【refill cask】→參照plain cask。

收集槽【receiver】
在蒸餾麥芽威士忌的過程中，用於暫時儲放各階段所得液體的酒槽。共有儲放糖化液、初餾酒、酒尾（feints）、蒸餾液等四種液體的收集槽。

S

酸醪製法【sour mash】
波本威士忌專屬的獨特製法。指將前次蒸餾的殘留酒液上頭的清澄汁液取出，再將25%注回糖化槽與發酵槽中的製法。（→參照P182）

雪莉桶【sherry cask】
曾一度用於熟成雪莉酒的木桶。容量大約為480公升，又稱為sherry vat。木桶材質分為白橡木及西班牙橡木兩種。根據曾盛裝的雪莉酒種類不同，又可細分為歐洛羅素雪莉桶（oloroso）、費洛雪莉桶（fino sherry cask）、赫瑞茲雪莉桶等（pedro ximinez sherry）。（→參照P31）。

雪莉桶香【sherry flavor】
經由雪莉桶熟成的威士忌所具有的香味。特色為擁有濃厚的葡萄香氣與乾燥無花果般的芳香，及雪莉酒的淡淡甜味。

單一酒桶【single cask】
從同一個酒桶中取出並裝瓶的威士忌，與單一酒桶波本威士忌的定義相同。由於未於其他酒桶儲放過，因此可從該酒桶來判別麥芽威士忌新獲得的特性與風味。

單一穀類威士忌【single grain whisky】
指將由同一蒸餾廠生產的穀類威士忌裝瓶所得的威士忌。鮮少有將其商品化的例子。

單一酒桶【single barrel】→參照single cask。

單一麥芽威士忌【single malt whisky】
指採用同一間蒸餾廠生產的麥芽威士忌製造並裝瓶的威士忌，是最能將蒸餾廠的特色表現得淋漓盡致的威士忌。

浸麥槽【steep】
為使大麥發芽必須將其浸於水中約兩天，此時所使用的容器即為浸麥槽。

純飲【straight】
不加水稀釋直接飲用之意。（→參照P175）。

第二次蒸餾器【spirit still】
第二次蒸餾麥芽威士忌時所使用的蒸餾器，又稱為再餾器（low wines still）。第二次蒸餾的動作稱為再餾，而再餾器的尺寸則較初餾器小。

分酒箱【spirit safe】
測定完麥芽威士忌經二次蒸餾所得的液體的酒精濃度後，用於控制蒸餾液的流向，從中選出將用於熟成的蒸餾液的裝置。

煙燻風味【smoky flavor】
在乾燥麥芽時燃燒泥煤所產生的煙燻香氣，又稱燻香，為麥芽威士忌特有的香氣。

小批生產【small batch bourbon】
從熟成至巔峰的威士忌中嚴選出5～10桶、限量生產的波本威士忌。Batch代表的是生產批號。

T

酒尾【tail】→參照feints。

土司焦香【toasty】
來自於木桶本身或是麥芽的香氣，類似烤焦的香味，如烤土司般的味道。

頂級調和酒【top dressing】
調酒用語。指用於提升調和式威士忌的風味與香氣所使用的頂級麥芽原酒。麥卡倫、格蘭花格、朗格摩等均是從早期開始便被用來作為頂級調味酒的麥芽原酒。

前味【top note】
將威士忌注入玻璃杯後所飄升出的第一陣香氣。

加水【twice up】
將威士忌注入玻璃杯中，然後加入等量的常溫水的飲用法。（→參照P174）。

V

香草香氣【vanilla flavor】
主要來自波本桶桶身的香氣。指如同香草般的微甜風味與芳香。

調和【vatting】
將種類各異的麥芽威士忌或穀類威士忌加以混合調配之意。

調和式麥芽威士忌【vatted malt】
不使用穀類威士忌，僅挑選數間蒸餾廠的麥芽威士忌進行調和所得的威士忌。相較於單一純麥威士忌較缺乏獨有的特色。

蒸餾年份【vintage】
指威士忌進行蒸餾的年份。

W

麥芽汁【wort】
將熱水加入裝有碎麥芽的糖化槽中，然後進行萃取所得的麥汁（糖液），帶有些微甜味。

發酵液【wash】
將酵母加入麥芽汁中使其發酵而得的濃稠液體。約含有6～8%的酒精濃度。

第一次蒸餾器【wash still】
進行麥芽威士忌的初次蒸餾時所使用的單式蒸餾器。第一次蒸餾稱為初餾，因此此蒸餾器又稱為初餾器。

發酵槽【wash back】
發酵時用來盛裝加入酵母的麥芽汁的容器。大型桶狀。有木製、鐵製及不銹鋼製等材質。

木材沈香【woodiness】
來自橡木桶或森林般的芳香。

換桶【wood finish】
將熟成的威士忌再次裝入與先前熟成所用者不同的木桶當中，以增添新風味。（→參照P21）。

白橡木【white oak 】
為北美洲產的橡木，被認為是最適於熟成威士忌的橡木桶材質。其硬度適中與耐久性卓越，且含有多酚類物質，會影響熟成中的威士忌的色澤與香氣。（→參照P15）。

蟲管式冷凝器【worm tub】
在蒸餾蘇格蘭威士忌時使用的冷卻槽。以裝入冷水的巨桶將螺旋狀銅製管線（蟲管）中的蒸氣加以冷卻。目前以新式冷凝器（condenser）為主流，然而，蟲管式冷凝器雖需較多時間進行液化，卻能製出香氣豐富多元的蒸餾酒。

初餾器→參照wash still。

Y

酵母【yeast】→即酵母菌。

酵母【yeast】
用於發酵以產生酒精的菌類總稱。會食用糖分並將其分解成酒精與碳酸鈣。又稱為酵母菌。

再餾器→參照spirit still。

鼓式發芽法
將麥芽放入迴轉式的巨型圓桶中並送入暖空氣，機器便會自動翻動麥芽使其乾燥。一次能處理大量的麥芽。

連續式蒸餾器
可持續注入原酒與蒸氣以進行連續蒸餾的裝置。以在第一次蒸餾過程中反覆進行精餾的原理，製出酒精濃度較高的蒸餾液。穀類威士忌與波本威士忌多會使用連續式蒸餾器進行蒸餾。（→參照P93）。

威士忌酒款

INDEX

（按英文字母順序排列）

蘇格蘭單一麥芽威士忌→ +S 蘇格蘭調和式威士忌→ +B 愛爾蘭威士忌→
日本威士忌→ 美國威士忌→ 加拿大威士忌→

國家圖書館出版品預行編目資料

威士忌&單一麥芽威士忌行家完全攻略 /
PAMPERO 作 ； 石學昌譯. -- 初版. -- 新北市
新店區 ： 智富, 2009. 06
面； 公分. --（風貌 ； A8）

ISBN 978-986-85240-0-2（平裝）

1. 威士忌酒 2. 品酒 3. 製酒 4. 酒業

463.834 98006028

風貌 A8

威士忌＆單一麥芽威士忌行家完全攻略

作　　者／ PAMPERO
譯　　者／石學昌
主　　編／簡玉芬
責任編輯／謝佩親
封面設計／柳田尚美
出 版 者／智富出版有限公司
發 行 人／簡玉珊
地　　址／（231）新北市新店區民生路 19 號 5 樓
電　　話／（02）2218-3277
傳　　真／（02）2218-3239（訂書專線）
　　　　　（02）2218-7539
劃撥帳號／ 19816716
戶　　名／智富出版有限公司
　　　　　單次郵購總金額未滿 500 元（含），請加 50 元掛號費
酷 書 網／ www.coolbooks.com.tw
排版製版／辰皓國際出版製作有限公司
印　　刷／祥新印刷股份有限公司
初版一刷／ 2009 年 6 月
　　五刷／ 2017 年 11 月

I S B N ／ 978-986-85240-0-2
定　　價／ 480 元

黏貼處

電話：(02) 22183277
傳真：(02) 22187539

世茂好書・豐富心靈

世潮精典・智慧同行

廣告回函

北區郵政管理局登記證
北台字第 9 7 0 2 號
免貼郵票

231新北市新店區民生路19號5樓

世茂
世潮 出版有限公司 收
智富

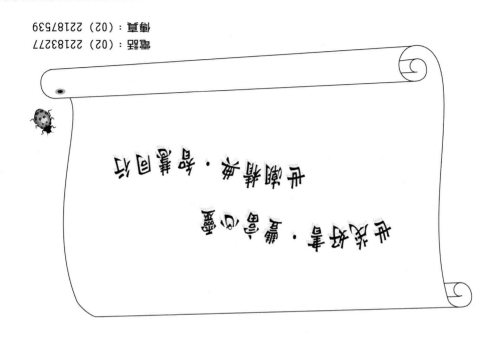

黏貼處

請沿虛線剪下裝訂寄回，謝謝！

讀者回函卡

感謝您購買本書，為了提供您更好的服務，請填妥以下資料。
我們將定期寄給您最新書訊、優惠通知及活動消息，當然您也可以E-mail：
Service@coolbooks.com.tw，提供我們寶貴的建議。

您的資料（請以正楷填寫清楚）

購買書名：______________________

姓名：__________ 生日：______年____月____日

性別：□男 □女 E-mail：______________

住址：□□□ ______縣市__________鄉鎮市區__________路街
______段______巷______弄______號______樓

連絡電話：______________

職業：□傳播 □資訊 □商 □工 □軍公教 □學生 □其它：______

職業：□碩士以上 □大學 □專科 □高中 □國中以下

購買地點：□書店 □網路書店 □便利商店 □量販店 □其它：______

購買此書原因：___ ___ ___ ___ ___ ___（請按優先順序填寫）
1封面設計 2價格 3內容 4親友介紹 5廣告宣傳 6其它：______

本書評價：___ 封面設計 1非常滿意 2滿意 3普通 4應改進
___ 內　　容 1非常滿意 2滿意 3普通 4應改進
___ 編　　輯 1非常滿意 2滿意 3普通 4應改進
___ 校　　對 1非常滿意 2滿意 3普通 4應改進
___ 定　　價 1非常滿意 2滿意 3普通 4應改進

給我們的建議：- - - - - - - - - - - - - - - - - - - -